DIE RAUE GRASNATTER
OPHEODRYS AESTIVUS

Yvonne & Thomas Klesius

Nachzuchttiere der Rauen Grasnatter

Inhalt

Bildnachweis: Soweit nicht anders angegeben, stammen alle Fotos von den Autoren.
Titel: Raue Grasnatter
Kleines Bild: Zwei Nachzuchttiere von *Opheodrys aestivus*
Seite 1: Porträt von zwei Rauen Grasnattern

ISBN 978-3-86659-142-4

An der Kleimannbrücke 39/41
48157 Münster
www.ms-verlag.de

Geschäftsführung: Matthias Schmidt
Lektorat: Kriton Kunz
Layout: Barbara Schmücker
Druck: Druckhaus Fromm, Osnabrück

Vorwort

DIE Raue Grasnatter (*Opheodrys aestivus*) ist eine faszinierende Art. Sie besitzt die typische, schlanke und grazile Körperform einer Baumschlange und ist wunderschön smaragdgrün gefärbt – davon leitet sich ihr deutscher Name ab. Sie ist tagaktiv, nicht aggressiv und ernährt sich von Insekten, was sie für viele Menschen als Terrarientier attraktiv macht, die sich vor dem Verfüttern von Nagetieren scheuen. Sicher beflügelt auch eine gewisse Ähnlichkeit mit anderen grünen, aber gefährlichen Schlangen, wie etwa der Grünen Mamba, die Fantasie manch eines Betrachters ...

Die Raue Grasnatter wird immer wieder auf Reptilienbörsen oder in Zoofachgeschäften zu recht günstigen Preisen angeboten. Trotzdem sucht man Halter oder gar Züchter dieser hübschen Schlange fast vergebens. Woran liegt das?

In ihrem natürlichen Verbreitungsgebiet, dem Südosten der USA, gelten Raue Grasnattern völlig zu Unrecht als „Kid's Snake" oder Anfängerschlangen. Vor wenigen Jahren konnten wir auf der Breeder's Expo in Daytona Beach/Florida selbst erleben, dass junge Wildfänge für 3 $ verhökert wurden! Haltung, Vermehrung und Schutz dieser einheimischen Schlangen scheinen in den USA nicht so

Die Raue Grasnatter ist keine „Anfängerschlange", aber ein extrem interessanter und attraktiver Gast im Terrarium.

lukrativ wie die Zucht exotischer Designermorphe.
In Europa besteht ein wachsendes Interesse an diesen „Smaragden“. Zahlreiche Anfragen aus Deutschland und dem angrenzenden europäischen Ausland bestätigen uns dies. Leider ist praxiserprobte, auf langjährigen Haltungserfahrungen basierende Literatur Mangelware. Diese Lücke möchten wir schließen. Unser Ziel ist, *O. aestivus* in den Terrarien Europas zu etablieren und die Haltungsbedingungen zu verbessern, um die Zahl der Exporte nach Europa zu minimieren. Damit müssten Raue Grasnattern nicht mehr in Mengen aus ihren natürlichen Habitaten abgefangen werden. *Opheodrys aestivus* erfüllt nämlich wie jedes Wildtier eine wichtige Aufgabe im Gleichgewicht seines Ökosystems. Auch ohne den gezielten, kommerziellen Abfang gibt es vielfältige Bedrohungen, wobei auch hier der Mensch in vorderster Reihe steht. Es gilt, das Bewusstsein zu schärfen, dass der Kauf von Wildfängen für Tier, Mensch und Natur nicht sinnvoll ist und dass ausschließlich der Erwerb gesunder Nachzuchten langfristige Haltungserfolge verspricht!
Wir wünschen Ihnen nun viel Spaß und neue Erkenntnisse beim Lesen. Willkommen in der grünen Welt der Rauen Grasnatter!

Yvonne & Thomas Klesius,
Hassloch, im Frühjahr 2010

Äußeres Erscheinungsbild

JE nach Herkunft wird *Opheodrys aestivus* ca. 56–83 cm lang (Maximum: 115,9 cm). Rücken und Flanken sind einheitlich grün, die Bauchschuppen (Ventralia) weiß bis gelblich. Die Grünfärbung kann aber variieren: Es existieren hellere und dunklere Exemplare und auch solche mit geringerem Gelbanteil.

WUSSTEN SIE SCHON?
Die Mischfarbe Grün resultiert aus den Primärfarben Blau und Gelb – daher zeigen Raue Grasnattern mit geringerem Gelbanteil eine leichte Blau-Lila-Färbung. Die Grünfärbung der Körperoberseite schützt vor Fressfeinden von oben (Vögel), die helle Bauchfarbe löst die Konturen beim Blick von unten gegen den Himmel auf. Grasnattern aus dem Südosten Floridas haben oft eine gelblichere Bauchfärbung (BILL LOVE, pers. Mittlg. 2005).

Die Statur ist entsprechend der baum- und buschbewohnenden Lebensweise sehr schlank. Das Gewicht eines adulten (geschlechtsreifen) Tieres beträgt nur ca. 13 g! Der Körperdurchmesser liegt bei rund 0,8–1,4 cm, wobei Weibchen stämmiger sind. Die Raue Grasnatter besitzt die für tagaktive Schlangen typische runde Pupille; die Iris ist gelb-schwarz gefärbt. Der Kopf ist leicht vom Körper abgesetzt.

Durch ihre Färbung und die schlanke Körperform, durch die man die Raue Grasnatter selbst im Terrarium oft kaum von Pflanzen unterscheiden kann, ist sie in der Natur hervorragend getarnt (Mimese). Schlangenfänger in den USA gehen daher vor allem nachts auf die Suche nach den Tieren, indem sie mit starken Taschenlampen Gebüsche und Bäume von unten anstrahlen. Dabei reflektieren die Pupillen, aber besonders der helle Bauch das Licht.

Wie es die Namen schon andeuten, besitzt die Raue Grasnatter im Gegensatz zur Glatten Grasnatter (*Liochlorophis vernalis*) auf den Rückenschuppen Kiele, über deren Funktion Unklarheit herrscht. Auch viele Wassernattern zeigen solch eine Kielung der Rückenschuppen, um eine bessere Stromlinienform zu erhalten. Allerdings haben auch viele Kletternattern gekielte Schuppen, wohl um effektiv Halt im Geäst zu bekommen. Auch

Die Raue Grasnatter besitzt natterntypisch große Kopfschuppen.

Tarnung bis zur Perfektion: Raue Grasnattern sind im Blattwerk hervorragend getarnt. Bei Gefahr vertrauen sie zunächst auf ihre verbergende Tracht und verharren ruhig.

WUSSTEN SIE SCHON?
Männchen besitzen 149-168 Bauchschuppen (Ventralia) und 110-161 Subcaudalia (Unterschwanzschuppen); die Schwanzlänge beträgt ca. 39,5 % der Gesamtlänge (GL). Weibchen haben 139-171 Ventralia und 105-149 Subcaudalia; die Schwanzlänge macht bei ihnen ca. 36 % (32-42 %) der GL aus (ERNST & ERNST 2003). Männchen besitzen also einen im Verhältnis längeren Schwanz.

Die Rückenschuppen sind horizontal gekielt. Daher stammt der deutsche Name „Raue Grasnatter".

wenn in der Fachliteratur *O. aestivus* manchmal als teilweise wasserbewohnende (semiaquatile) Schlange beschrieben wird (RICHMOND 1952), konnten wir unsere Grasnattern bis heute niemals im Wasser beobachten. Wir vermuten, dass hier eine Naturbeobachtung fälschlich generalisiert und später unreflektiert abgeschrieben wurde.

WUSSTEN SIE SCHON?
Grasnattern sind ungiftig und für den Menschen völlig ungefährlich. Die Lebenserwartung beträgt nach Literaturangaben 7-10 Jahre. Unsere ältesten Grasnattern sind mittlerweile im neunten Lebensjahr und noch immer gesund.

Opheodrys aestivus besitzt die für tagaktive Reptilien typische runde Pupille. Rücken und Flanken sind grün gefärbt. Der Bauch ist weiß, mit gelblicher Färbung an den Seiten.

Systematik und Verwandtschaft

IN der Naturwissenschaft bedeutet „Systematik" eine hierarchische Klassifizierung von Lebewesen. Der erste Teil des wissenschaftlichen Namens eines Tieres steht für die Gattung (hier: *Opheodrys*), der zweite Teil für die Art (hier: *aestivus*). *Opheodrys aestivus* wurde erstmals 1766 von LINNÉ als *Coluber aestivus* beschrieben. SCHMIDT gab 1953 Charleston/South Carolina als Terra typica restricta an. Die Terra typica ist der Fundort des Exemplars, anhand dessen eine Art beschrieben wurde. „*Opheodrys*" bedeutet übrigens „Baumschlange", „*aestivus*" „sommerlich" – man könnte den wissenschaftlichen Namen also etwa mit „Sommerliche Baumschlange" wiedergeben.

Opheodrys aestivus gehört zur Familie der Nattern (Colubridae) und hier zur Unterfamilie der Echten Nattern (Colubrinae). Sie ist nach Untersuchungen von WALLEY & PLUMMER (2000) mono-

Außer dem gemeinsamen Namen „Grasnatter" haben die Asiatischen Grasnattern der Gattung *Cyclophiops* – hier ein Jungtier von *C. major* – nichts mit den nordamerikanischen Grasnattern *(Opheodrys, Liochlorophis)* gemein. Foto: K. Kunz

Erstbeschreibung	**Carl VON LINNÉ, 1766: *Coluber aestivus***
Terra typica	Charleston, South Carolina (SCHMIDT,1953)
Familie	Colubridae (Nattern)
Unterfamilie	Colubrinae (Echte Nattern)
Gattung	*Opheodrys*
Art	*Opheodrys aestivus*
Unterart	keine (monotypisch)

typisch, umfasst also keine Unterarten.

Die früher ebenfalls der Gattung *Opheodrys* zugeordnete nordamerikanische Glatte Grasnatter besitzt heute einen eigenen Gattungsstatus und heißt nun *Liochlorophis vernalis* (vgl. Ernst & Ernst 2003). Sie ist eher bodenbewohnend, was sich in ihrer vergleichsweise etwas stämmigeren Statur zeigt. Die Verbreitungsräume beider Arten vermischen sich im nördlichen Teil des Lebensraums der Rauen Grasnatter, jedoch dringt *L. vernalis* weiter in nördliche Breiten vor.

Oft werden wir gefragt, ob die Raue Grasnatter Verwandte in Afrika oder Südostasien habe. Das ist nicht der Fall. Bei von dort stammenden ähnlich aussehenden Schlangen handelt es meist um die als Grüne Buschschlangen bezeichneten afrikanischen Vertreter der Gattung *Philothamnus* oder um die Asiatischen Grasnattern (*Cyclophiops*), die aber nicht mit der Rauen Grasnatter verwandt sind.

WUSSTEN SIE SCHON?
Bis zur Revision im Jahr 2000 wurden nach Grobman (1984) vier regionale Unterarten unterschieden: *Opheodrys aestivus aestivus* (die Nominatform aus South Carolina), *O. a. carinatus* (Florida), *O. a. majalis* und *O. a. conanti*. Diese werden heute jedoch nicht mehr anerkannt.

WUSSTEN SIE SCHON?
Sollten Sie beim Urlaub in den USA Grasnattern sehen: Bitte fangen sie die Schlangen nicht! Es bedeutet erstens erheblichen Stress für das Tier, ergriffen zu werden, zweitens aber könnte es sich um eine Giftschlange handeln. Denn besonders in Florida etablieren sich zunehmend Neozoen (Arten aus fremden Erdteilen), darunter auch Mambas (*Dendroaspis*), weshalb Vorsicht geboten ist. Besser ist es, Wildtiere aus sicherer Distanz mit dem Fotoobjektiv „einzufangen".

Die Raue Grasnatter ist im Südosten der USA die einzige kräftig grüne einheimische Schlange und daher leicht zu bestimmen.

***Opheodrys aestivus* hat trotz äußerer Ähnlichkeiten keine Verwandten in Asien oder Afrika. Hier eine afrikanische Natter der Gattung *Philothamnus*.**

Gesetzliche Bestimmungen: Artenschutz, Tierschutz, Sachkunde

IN freier Natur nehmen die Bestände Rauer Grasnattern bedingt durch Verlust und Zerschneidung von Biotopen, Abfang von Tieren und intensiven Insektizideinsatz stetig ab. Trotzdem ist *O. aestivus* in fast allen Bundesstaaten der USA, in denen die Art vorkommt, nicht geschützt und kann legal gefangen werden. Einzig in Pennsylvania, wo sie als „gefährdet" gilt, und in Ohio, wo sie als „bedroht" eingestuft wird, besitzt die Raue Grasnatter offiziellen Schutzstatus. Wir hoffen zwar, dass die Bestände in ihren ursprünglichen Habitaten erhalten bleiben, aber ohne wachsendes Umweltbewusstsein, Achtsamkeit und Respekt gegenüber der Natur und die Rückstellung finanzieller und anderer Interessen wird dies leider nur Hoffnung bleiben.

In Europa wird der Schutz von Terrarientieren u. a. durch das Tierschutzgesetz geregelt. Darin heißt es in §2: „Wer ein Tier hält, betreut oder zu betreuen hat, muss dieses seiner Art und seinen Bedürfnissen

Vor allem bei Nacht lassen sich Raue Grasnattern leicht entdecken. Die hellen Bauchschuppen reflektieren das Licht der Taschenlampen stark und „entzaubern" die perfekte Tarnung des Tages.

entsprechend angemessen ernähren, pflegen und verhaltensgerecht unterbringen; er darf die Möglichkeit des Tieres zu artgemäßer Bewegung nicht so einschränken, dass ihm Schmerzen oder vermeidbare Leiden oder Schäden zugefügt werden." Dies bedeutet auch, dass man sich bereits vor dem Kauf eines Reptils über dessen Biologie und Haltungsanforderungen kundig machen muss! Sie können dazu Fachbücher wie dieses lesen, Erfahrungen von Haltern und Züchtern erfragen, im Internet recherchieren und Ihre Sachkunde durch die Deutsche Gesellschaft für Herpetologie und Terrarienkunde (kurz: DGHT) und den VDA nachweisen lassen. Informationen zum Sachkundenachweis gibt es unter www.dght.de bzw. www.sachkundenachweis.de.

International und nach deutschem Recht ist die Raue Grasnatter nicht artgeschützt. Man kann sie also erwerben und pflegen, ohne dies einer Behörde anzuzeigen. Für die Terrarienhaltung wichtig ist das Gutachten über die „Mindestanforderungen an die Haltung von Reptilien", das Empfehlungscharakter besitzt (auch im Internet abrufbar).

Die natürlichen Bestände Rauer Grasnattern nehmen durch Umweltzerstörung und Abfang sukzessive ab. Trotzdem ist die Art in den meisten US-Bundesstaaten ihres Verbreitungsgebietes nicht geschützt.

Verbreitung und natürlicher Lebensraum

DAS Verbreitungsgebiet der Rauen Grasnatter ist der Südosten der USA, vom Süden New Jerseys bis Florida. Richtung Westen erstreckt sich der Lebensraum bis in den Osten von Kansas, Zentral-Texas und Tampico in Mexiko. Isolierte Populationen existieren im nordöstlichen Missouri und in Coahuila, Mexiko. *Opheodrys aestivus* kommt von 0–1.500 m ü. NN vor und ist arboricol, lebt also in Gebüschen und auf Bäumen. Die Art bevorzugt Feuchthabitate, besonders die Umgebung von Fließgewässern an Waldrändern, außerdem Sümpfe, Seeufer und Feuchtwiesen. Die meisten Habitate sind maximal 3 m vom Wasser entfernt. In den Everglades sind die Tiere auf verbuschten, inselförmigen Erhebungen im Wasser heimisch, sog. Hammocks. Das Wasser selbst wird gemieden.

Neugierige Raue Grasnatter nach dem Regen

Opheodrys aestivus ist im Südosten der USA beheimatet. Es gibt auch isolierte Populationen in Nord-Mexiko.

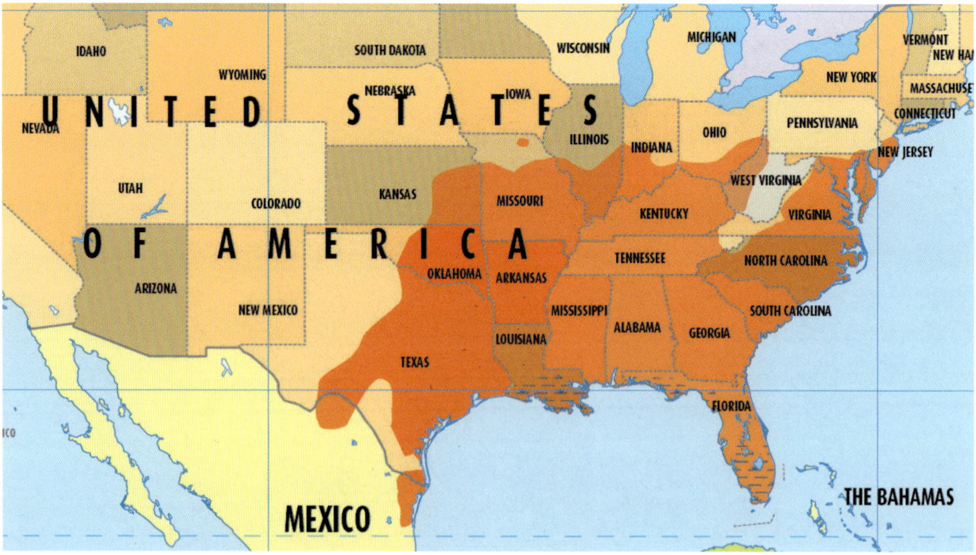

Bei der wissenschaftlichen Untersuchung einer großen Population in Arkansas (mit 800 Tieren/ha und insgesamt 2.700 in sieben Jahren entdeckten Individuen) betrug der Anteil an Schlüpflingen ca. 15–19 %, an Einjährigen ca. 21,5 %, an adulten Männchen ca. 28 % und an adulten Weibchen ca. 41 % Der Anteil an Jungtieren bis zum 1. Lebensjahr lag demnach bei rund 39 %! Bei einem so großen Anteil an Jungtieren scheinen die Nattern in der Natur einem hohen Feinddruck ausgesetzt zu sein und keine hohe Lebenserwartung zu besitzen (PLUMMER 1997b).

Raue Grasnattern bevorzugen Gebüsche und Bäume in direkter Nähe zu Gewässern. Das Wasser selbst suchen sie aber nicht freiwillig auf.

In den Everglades leben Raue Grasnattern auf sog. „Hammocks". Das sind kleine, bebuschte Inseln im Wasser.

Natürliches Verhalten im Jahreszyklus

SCHLANGEN

WUSSTEN SIE SCHON?
In Terrarien gehaltene Tiere weisen meist eine recht hohe Körpertemperatur auf, da sie häufiger Sonnenbäder nehmen und stets Wärme verfügbar ist. Sonnenbaden in der Natur dagegen ist für Reptilien gefährlich, da sie sich hierbei Feinden aussetzen.
Die Verdunstungsfeuchtigkeit der Blätter verringert die Gefahr einer Austrocknung der Schlangen (Plummer 1981b). Daher sollten im Terrarium lebende Pflanzen nicht fehlen.

sind Reptilien und damit wechselwarm (poikilotherm). Das bedeutet, dass sie ihre Vorzugstemperatur nicht selbstständig halten können, sondern auf äußere Einflüsse angewiesen sind (Ektothermie). Reptilien müssen daher zum Aufwärmen oder Abkühlen bestimmte Temperaturzonen aufsuchen. Bei der Einrichtung eines Terrariums sind daher Wärmezonen und Abkühlmöglichkeiten im Sinne eines Temperaturgefälles unbedingt zu berücksichtigen! Je kühler die Umgebung, desto niedriger die Körpertemperatur und umso weniger aktiv werden Reptilien. Dadurch spart ihr Organismus Energie, der Stoffwechsel ist verlangsamt. Daher können viele Reptilien im Winter mehrere Wochen ohne Nahrung überdauern.

In der Natur ist *O. aestivus* von März/April bis Oktober/November aktiv, in südlichen, subtropischen Klimaten (z. B. Süd-Florida) sogar ganzjährig. Nördliche Populationen überwintern bis Mai. Den Winter verbringen die Nattern zum Schutz vor Kälte und Austrocknung in verrottenden Baumstümpfen oder Höhlungen, in Ameisenhügeln oder wenige Zentimeter in der Erde vergraben.

Raue Grasnattern sind strikt tagaktiv.

Die tagaktiven Grasnattern leben fast ausschließlich im Geäst. Sie schlafen auch dort.

Die Tiere erwachen bei Tagesanbruch und bleiben den gesamten Tag aktiv, bis sie sich ca. eine Stunde vor Sonnenuntergang an ihre nächtlichen Ruheplätze begeben. Die Nächte verbringen sie meist schlafend im Geäst (PLUMMER 1981b). Die Aktivitätstemperatur Rauer Grasnattern in Arkansas liegt zwischen 17,9 und 36,8 °C (im Mittel 29,3 °C; PLUMMER 1993).

Opheodrys aestivus hält sich gerne in Gebüschen und Bäumen in maximal 3 m Höhe am äußeren Ende ca. 1 cm starker Zweige oder Äste auf. Die Tiere sind dort vor bodenlebenden Fressfeinden wie Waschbären, Ratten oder Kettennattern geschützt und finden hier zugleich ihre Nahrungsquelle: Wirbellose, vor allem Insekten. MCCOMB & NOBLE (1981) fanden ein Exemplar der Rauen Grasnatter sogar in 10,6 m Höhe in einer Baumhöhle! Die Schlangen bewegen sich normalerweise langsam, bei Flucht allerdings blitzschnell.

Raue Grasnattern fressen Insekten. Im Frühjahr zur Paarungszeit sind die Weibchen besonders gierig.

Ein auffälliges Verhalten ist das „Kopfwackeln“ der Tiere beim Klettern. Dies könnte das räumliche Sehen verbessern. Eine andere Theorie besagt, dass damit zur Tarnung sich im Wind bewegende Blätter nachgeahmt werden. Auch andere Baumschlangen zeigen dieses Kopfwackeln, z. B. *Rhynchophis boulengeri*, die Vietnamesische Langnasennatter. Baumschlangen sind aufgrund ihres stark strukturierten Lebensraums eher darauf angewiesen, dreidimensional zu sehen. Somit dürfte auch ihr Gehirn für den visuellen Bereich differenzierter strukturiert sein.

Raue Grasnattern sind aktive Jäger, die ihre Beute (Insekten und Spinnen) aktiv verfolgen. Bewegt sich ein Insekt nicht, beißt die Natter nicht zu, da es nicht wahrgenommen wird. Kurz vor dem Zubeißen findet übrigens auch das Kopfwackeln nicht mehr statt. *Opheodrys aestivus* ist nicht immer treffsicher. Insbesondere im Terrarium kann bei einer Jagd am Boden versehentlich Bodengrund mit gefressen werden.

Flüssigkeit wird fast ausschließlich über Regen oder Tau an Blättern, Ästen und Zweigen aufgenommen. Im zeitigen Frühling und Herbst sind Raue Grasnattern in der Natur auch am Boden zu finden, eventuell bedingt durch den in diesen Jahreszeiten geringeren Laubanteil und die damit fehlenden Tarnung sowie wegen der Wanderungen vom bzw. zum Winterquartier.

Richmond (1952) schreibt, dass Raue Grasnattern das Wasser aufsuchen und sich darin hervorragend fortbewegen. Dies ist unseres Erachtens der Ursprung der fälschlichen Schlussfolgerung, die Art brauche Terrarien mit großem Wasserteil – den sie aber nie nutzen! Es mag sein, dass die Tiere zur

Zwei Jungtiere aus eigener Nachzucht beim Sonnenbad

Schlangen häuten sich regelmäßig – Jungtiere öfter, da sie im Verhältnis schneller wachsen. Die abgestreifte Haut nennt man Natternhemd.

Not das Wasser aufsuchen, um neue Habitate zu erschließen. Hier lauern aber viele Gefahren. Konkrete Schwimmbeobachtungen Rauer Grasnattern wurden ansonsten unseres Wissens nie mehr in der Fachliteratur erwähnt.

Das Verhalten im Jahreszyklus sollte auch für unsere Grasnattern im Terrarium möglichst naturnah ermöglicht werden. Meist kennt man allerdings nicht den genauen Ursprung seiner Tiere und bietet daher zur Sicherheit lediglich eine „sanfte Überwinterung“ an: im November/Dezember erfolgt eine Abkühlung der Raumluft durch sukzessives Abschalten der Heiz- und Wärmequellen, sodass die Tiere eine Ruhephase von 4–6 Wochen durchleben. In dieser Zeit ist auch das Futterangebot geringer, und die Grasnattern fressen weniger.

WUSSTEN SIE SCHON?

Raue Grasnattern der erwähnten Population in Kansas bewegten sich meist in der Vegetation entlang dem Ufer (PLUMMER 1981b). Männchen hatten mit ca. 56 m (15-102 m) einen kleineren Aktionsradius als Weibchen (ca. 68 m; 21-247 m). Zur Eiablage verließen die Weibchen ihre Habitate und entfernten sich im Mittel 32 m vom Ufer. Nach der Eiablage kehrten sie umgehend zurück. Sie bewegten sich dabei mit ca. 3-4 cm/Sekunde (PLUMMER 1990a, 1997a).

Natürliche und vom Menschen ausgehende Gefahren

Zu den Fressfeinden von *O. aestivus* gehören ophiophage (schlangenfressende) Schlangen, wie Schwarznatter (*Coluber constrictor*) und Königsnattern (*Lampropeltis*), Vögel wie Bussard, Blauhäher und Specht, Hauskatzen, Raubfische (z. B. Alligatorhecht) und selbst große Spinnen (Seidenspinne *Nephila clavipes*) (Plummer 1990b, 1991). Weitere Räuber sind Opossum, Waschbär, Skunk, Wiesel, Kojote und Fuchs. Eichhörnchen fressen die Gelege in Baumhöhlen.

Welche Abwehrmechanismen haben Raue Grasnattern? Zunächst vertrauen die grünen Nattern auf ihre perfekte Tarnung zwischen Blättern und Geäst. Sie erstarren in ihrer Umgebung bewegungslos, sodass sie kaum mehr auszumachen sind. Verringert sich der Abstand des Feindes auf eine kritische Distanz oder werden die Nattern gar berührt, treten sie blitzschnell die Flucht an. Diese erfolgt meist nach oben, da *O. aestivus* zu den Baumflüchtern gehört. Manchmal reißen die

Im dichten Grün fühlen sich Raue Grasnattern sicher.

Nattern kurz vor der Flucht ihr Maul auf und zeigen ihren oft dunklen Rachen zur Abschreckung. Raue Grasnattern beißen nicht, selbst wenn sie ergriffen werden. Allerdings können sie natterntypisch ihre Analdrüsen entleeren, was einen unangenehmen Geruch hinterlässt. Dadurch wird mitgeteilt: „Ich bin ungenießbar, friss mich nicht!“. Ein Totstellreflex (Thanatose) gehört nicht zum Abwehrverhalten Rauer Grasnattern.

Neben den Fressfeinden fordern Rasenmäher und Mähdrescher, Abholzung, Kanalisierung von Fließgewässern, Straßenverkehr und weitere anthropogene (vom Menschen geschaffene) Faktoren viele Opfer nicht nur unter Rauen Grasnattern. Hier einige weitere solche Gefahrenquellen:

▪ Lebensraumzerstörung

Durch Urbanisierungsprozesse nimmt der Anteil ursprünglicher Naturgebiete rapide ab. Biotope werden durch Straßen- und Kanalbau zerschnitten und isoliert, riesige Sumpfflächen werden entwässert. Der Everglades Nationalpark im Süden Floridas ist z. B. nur noch ein kleines Relikt eines vormals riesigen Sumpfgebietes. Nicht nur die Insektenwelt als Hauptbeute von Grasnattern ist davon negativ betroffen. Der enorme Verkehr in den USA fordert jedes Jahr zahlreiche Opfer an Reptilien auf den Straßen. Besonders im Herbst findet man viele überfahrene *O. aestivus* auf den Highways, die auf dem Weg zu den Winterquartieren waren oder sich auf dem Asphalt aufwärmen wollten.

WUSSTEN SIE SCHON?
In Miami, Florida, - einem Zentrum des kommerziellen Reptilienhandels in den USA - nimmt die Zahl der Neozoen bedrohlich zu. Bahama-Anolis, Tokeh, Tiger- und Königspython, ja sogar Kobras fühlen sich im subtropischen Klima wohl und verdrängen einheimische Tiere, darunter vielleicht auch *O. aestivus*. BILL LOVE (pers. Mittlg. 2005) beobachtete zufällig einen asiatischen Tokeh in seinem Garten beim Verzehr einer kleinen Kornnatter. Eine Grasnatter schmeckt solch einem Futteropportunisten sicher auch ...

▪ Insektizideinsatz in der Landwirtschaft

Zur Ertrags- und Gewinnmaximierung in der Landwirtschaft werden Schäd-

Bei Gefahr vertrauen die Nattern zunächst auf ihre Tarnung und „frieren ein“.

Ab einem kritischen Mindestabstand flüchten die Tiere. Manchmal reißen sie kurz zur Abschreckung ihr Maul auf, beißen aber nicht.

Abfang von Tieren für den Terraristikbedarf

Die genannten Strukturveränderungen bewirken eine großflächige Verringerung der Lebensräume und Individuendichte von *Opheodrys aestivus*. Dadurch finden sich Grasnatterpopulationen in immer kleineren Habitaten. Aus Sicht von Schlangenfängern sind dies aber lukrative Orte, kann man dort doch mit relativ wenig Aufwand auf begrenztem Raum viele Tiere zum Verkauf fangen. Die Rauen Grasnattern überleben allerdings die Folgen einer nicht artgerechten Zwischenhälterung und des Transportes durch Krankheitsübertragung, Austrocknung und stressbedingten Ausbruch von Krankheiten oft nicht bzw. kommen bereits erkrankt in der Terraristik an.

lingsbekämpfungsmittel (Insektizide, Herbizide) eingesetzt, die den Tod bzw. die Vergiftung vieler Insektenarten zur Folge haben. Dadurch steht weniger Nahrung zur Verfügung. Durch das Fressen giftbelasteter Insekten sammeln sich Toxine im Schlangenkörper an. Die Schädlingsbekämpfungsmittel wirken auch direkt auf das Immunsystem der Nattern.

Verdrängungsprozess durch Neozoen

Das Problem der Neozoen (fremd eingebrachte oder eingewanderte Tierarten) ist weltweit bekannt. Der Mensch ist dabei oft Auslöser. Durch Besetzung ökologischer Nischen, direkte Verdrängung (Fressfeind), Eintrag neuer Krankheitserreger usw. werden einheimische Arten oft zurückgedrängt.

Zu den natürlichen Fressfeinden der Rauen Grasnatter zählen beispielsweise die Schwarznatter (hier: *Coluber constrictor priapus*) ...

... und Königsnattern der Gattung *Lampropeltis*, hier eine Kettennatter. Fotos: K. Kunz

Eintrag von Schädlingsbekämpfungsmitteln ist zu minimieren und durch ökologisch nachhaltigere Methoden zu ersetzen. Naturgeschützte Räume müssen erweitert und untereinander vernetzt werden, damit Lebensräume nicht isoliert bleiben. Verhaltensbeobachtungen im Terrarium sind wichtige Ergänzungen zu Naturbeobachtungen, um die Tiere besser zu verstehen und schützen zu können.

Es bleibt festzuhalten: Der Bestand an freilebenden Rauen Grasnattern nimmt ab. Entnahmen aus der Natur sollten unbedingt unterlassen werden. Der

Kauf, Transport und Quarantäne

BEVOR Sie ein Reptil kaufen, muss Ihnen klar sein, dass damit nicht nur Ausgaben für die Tiere selbst, das Terrarium und die Einrichtung verbunden sind, sondern vor allem auch laufende Kosten für Futter, Strom, Tierarztkosten etc. sowie viel Zeitaufwand! Außerdem muss eine Urlaubsvertretung organisiert werden. Wir müssen bedenken: Die Terrarientiere, die wir pflegen, sind vollkommen abhängig von uns. Unwissen oder Fehler gehen auf Kosten der Tiere!

Die Raue Grasnatter wird regelmäßig auf Reptilienbörsen oder in Zoofachgeschäften zu niedrigen Preisen angeboten. Diese Wildfänge haben einen weiten Weg voller Stress hinter sich. Zudem sind Grasnattern sensible Tiere, die sich nicht zum Einstieg in die Schlangenhaltung eignen. Wildfangtiere sterben mit oder ohne Prophylaxemaßnahmen oft innerhalb der ersten 2–10 Wochen nach ihrer Ankunft im Importland, auch wenn sie sich bis zu ihrem Ableben unauffällig verhalten. Da-

Auf Börsen, aber auch in Zooläden findet man leider praktisch ausschließlich Wildfänge Rauer Grasnattern. Nachzuchten sind schwer erhältlich und nur direkt von Züchtern zu bekommen.

her ist es wichtig, dass sich *O. aestivus* durch Nachzuchten in Europa etabliert und Importe durch eigene, stabile Nachzuchten unnötig werden. Auch wenn es Geduld braucht und der Zoohandel und Börsenanbieter praktisch ausschließlich vermeintlich „günstige" Grasnattern aus Wildbeständen anbieten: Durch den Kauf von Wildfängen unterstützt man den Raubbau an der Natur! Hier kann jeder direkt Einfluss nehmen: Nachzuchten statt Wildfänge! So weit sollte die Tierliebe schon gehen.

Neben den Folgen einer Naturentnahme für das ökologische Gleichgewicht vor Ort und der Tragik für die Tiere selbst ist der Erwerb todgeweihter Schlangen natürlich auch frustrierend für die Käufer. Die regelmäßig im Frühjahr und Sommer angebotenen Jungtiere, oft fälschlich als Farmzuchten deklariert, sind oft gesundheitlich beeinträchtigt. Es gibt keine Zuchtfarmen von Rauen Grasnattern! In den USA ist das Interesse an den Tieren nicht so groß, dass Farmen eigens für sie errichtet würden. Es handelt sich dabei also um falsch ausgewiesene Wildfänge oder um Nachzuchten trächtig exportierter Weibchen, die beim Großhändler geschlüpft und als Jungschlange oder als komplette Gelege an Zwischenhändler verkauft wurden. Da die trächtigen Weibchen durch Unterversorgung und Transportstress während des Exportes nicht in der Lage waren, die Eier im Eileiter optimal mit den notwendigen Nährstoffen zu versorgen, haben auch diese Jungtiere kaum Überlebensperspektiven. Unterversorgte, trächtige Weibchen werden regelrecht ausgezehrt, indem sie zu stark körpereigene Vorräte anzapfen. Dies schädigt das adulte Tier und die Embryonen im Ei. Schlüpflinge aus solchen Gelegen sind auch meist kleiner. Echte Nachzuchten dagegen sind derart begehrt, dass sie bislang im Prinzip nie auf Börsen oder in Zoogeschäften angeboten werden!

Zum Transport junger Grasnattern eignen sich Plastikboxen mit Luftlöchern und Küchenpapier. Die Box sollte samt Schlange in einer entsprechend temperierten Styroporkiste transportiert werden.

Worauf sollte man beim Kauf achten?

HIER das Porträt einer offensichtlich gesunden Rauen Grasnatter:

- Das Tier ist aktiv und neugierig.
- Die Natter versucht zu fliehen, wenn sie ergriffen werden soll.
- Die Körperform ist nicht eingefallen und knochig, sondern eher rundlich (Achtung: Grasnattern sind von Natur aus schlank und klein).
- Das Rückgrat ist gerade und hat keine Verdickungen/Verkrümmungen.
- Die Augen sind klar (Ausnahme: Trübung vor der Häutung) und nicht geschwollen.
- Es gibt keine Häutungsreste, vor allem an den Augen, dem Kopf generell und der Schwanzspitze.
- Die Schuppen glänzen und wirken nicht matt (außer vor der Häutung).
- Körperspannung bzw. Muskeltonus sind adäquat, das Tier darf also nicht schlaff herunterhängen oder krampfen.
- Es gibt keine Ektoparasiten (äußere Parasiten); Wildfänge haben meist Zecken oder Milben, vor allem im Bereich der Augen, die als schwarze „Punkte“ sichtbar sind.
- Die Kloake ist sauber, geschlossen und nicht verklebt.

Eine gesunde Raue Grasnatter ist neugierig und zeigt ein ausgeprägtes Fluchtverhalten, wenn sie ergriffen wird. Stress sollte unterbleiben. Das leichte Kopfwackeln beim Kriechen ist arttypisch.

Diese Hinweise geben allerdings keine Garantie, dass es sich tatsächlich um gesunde Nachzuchttiere handelt. Endoparasiten (Innenparasiten) sind erst durch eine mindestens sechswöchige Quarantäne inklusive Untersuchung von Kotproben nachweisbar.

Stellen Sie dem Verkäufer gezielt Fragen zu Haltung, Fütterung und Nachzucht. Mit Ihrem Vorwissen können Sie die Antworten ihres Gegenübers einordnen und erkennen, ob die Tiere artgerecht gehalten werden und ob es sich tatsächlich um Nachzuchten handelt. Bei seriösen Züchtern bekommen Sie gute, wichtige Tipps zur artgerechten Haltung Ihrer Rauen Grasnatter. Ideal ist ein Besuch der Zuchtanlage, denn dort bekommt man konkrete Eindrücke zur Haltung.

Wenn Sie Raue Grasnattern kaufen möchten, wenden Sie sich an private Züchter. Sie finden Kontakte in Internetanzeigen (z. B. auf www.reptilia.de) oder durch private Homepages. Sollten Sie zu den Glücklichen zählen, die Nachzuchten erwerben können, sind einige Dinge zu beachten: Es besteht kein ausgeprägter Geschlechtsdimorphismus, die Geschlechter zeigen also keine deutlichen Unterschiede. Das Geschlecht von Jungtieren ist optisch nicht zu bestimmen. Das Sondieren von Grasnattern lehnen wir ab, da die Verletzungsgefahr hierbei zu groß ist. Das bei jungen Korn- und Strumpfbandnattern praktizierte „Popping" (Herausmassieren der Hemipenes männlicher Jungtiere) birgt durch die geringe Größe der Grasnatterbabys ein hohes Risiko und sollte daher ebenfalls unterbleiben. Wir empfehlen, eine Gruppe von 3–4 Tieren zu erwerben. Die Wahrscheinlichkeit, beide Geschlechter zu erhalten, ist dann höher als beim Kauf nur zweier Tiere.

Geübte Augen erkennen die Geschlechter adulter Tiere: Weibchen sind länger und kräftiger als Männchen. Letztere zeigen vor allem während der Paarungszeit eine Verdickung an der Schwanzwurzel: Hier liegen die Hemipenes (paariges Begattungsorgan) verborgen. Zudem haben Männchen in Relation zur Gesamtgröße längere Schwänze, was man mit Hilfe des abgestreiften Natternhemdes vergleichen kann. Allerdings gibt es regionale Unterschiede in Größe und Pholidose (Beschuppung). Hat man ein adultes Pärchen, kann man die Geschlechter natürlich auch durch Verhaltensbeobachtung in der Paarungszeit unterscheiden.

Zum Transport von Jungtieren eignen sich Plastikboxen mit kleinen Luftlöchern an zwei Seiten (z. B. Heimchenboxen). Größere Tiere werden in etwas geräumigeren Behältern transportiert. Aber Achtung: Grasnattern sind exzellente Ausbruchskünstler! Achten Sie

DER PRAXISTIPP

Befindet sich frischer Kot im Transportbehältnis bzw. im Terrarium der Grasnatter, die man kaufen möchte, kann man daraus rückschließen, dass das Tier frisst und die Darmtätigkeit funktioniert.

stets darauf, dass der Behälter wirklich keine Fluchtmöglichkeit bietet. Der Boden wird mit einer Lage Küchenpapier abgedeckt, und man legt etwas zerknülltes Küchenpapier hinein, damit die Tiere Halt und Deckung haben. Keinesfalls dürfen „schwere“ Gegenstände (z. B. Tontopf, Wasserschale) in der Box sein, die die Tiere verletzen könnten. Eine Ecke wird eventuell zur Feuchtigkeitsaufnahme mit etwas Wasser besprüht, die Tiere müssen aber trocken liegen. Der Transport sollte zum Schutz vor Hitze und Kälte bzw. extremen Temperaturschwankungen und optischen Reizen zusätzlich abgepolstert in einer Styroporbox erfolgen. Die Temperatur sollte zwischen 20 und 27 °C liegen.

Der Geschlechtsdimorphismus ist schwach ausgeprägt: Adulte Männchen haben – bedingt durch die Hemipenes – vor allem zur Paarungszeit an der Kloake eine leichte Verdickung und sind etwas dünner und kleiner als Weibchen. Die Abbildung zeigt die verbreiterte Kloakenregion eines Männchens.

Daheim angekommen, werden die Tiere in das Quarantänebecken gesetzt (siehe unten) und sofort mit Wasser versorgt. Die Nattern brauchen nun erst einmal viel Ruhe. Das Umsetzen sollte stets zur Aktivitätszeit am Tag geschehen, um Stress zu vermeiden.

Zur Kontrolle und um Krankheitsübertragungen zu vermeiden, sollte eine mindestens sechswöchige Quarantäne durchgeführt werden. Das Quarantänebecken steht separat und am besten nicht im selben Zimmer wie der restliche Tierbestand. Bei Pflegearbeiten an der gesamten Terrarienanlage sollte das Quarantänebecken stets als Letztes behandelt werden. Hände und Werkzeug müssen nach Kontakt mit dem Becken, der Einrichtung und den Schlangen regelmäßig gewaschen und desinfiziert werden! Das Quarantänebecken ist zur besseren Kontrolle spartanisch einzurichten: Küchenpapier als Bodengrund, eine kleine Pflanze und kleine Äste als Klettermöglichkeit, ein Wasserbehälter sowie ein kleines umgedrehtes Blumentöpfchen mit einer eingeflexten Kerbe an der Seite als Einschlupfloch. Hygienisch besser wäre die Verwendung künstlicher Pflanzen, doch hätte dies funktionale Nachteile, da echte Pflanzen für ein günstiges Mikroklima sorgen. Die genannten Einrichtungsgegenstände haben den Vorteil, dass sie mit wenig zeitlichem und finanziellem Aufwand ausgetauscht und entsorgt werden können. Ästhetik spielt bei einer Quarantäne eine untergeordnete Rolle. Nachzuchten können einzeln oder in Gruppen bis zu drei oder vier Tieren gehalten werden. Bei größeren Gruppen geht schnell der Überblick verloren: Hat jedes Tier gefressen? Ist das Verhalten normal? Sehen alle Tiere gesund aus? Auch beim Füttern kann es bei Überbesatz zu Unfällen (gegenseitiges Fressen) kommen, vor allem wenn die Tiere unterschiedlich groß sind. Wichtig ist das Licht- und Wärmemanagement: bei 1–3 Jungtieren genügt ein Terrarium der Maße 30 x 30 x 40 cm, das mit einer 20-W-Halogen-Schreibtischlampe (günstig im Baumarkt) von oben beleuchtet wird. Optimal ist es, wenn ca. 50 % der Terrarienabdeckung aus Gaze bestehen. Jeden Morgen und eventuell zusätzlich am Mittag werden die Pflanzen reichlich besprüht, sodass das Wasser während des Tages verdunstet und die Tiere über Nacht im Trockenen liegen. Staunässe ist unbedingt zu vermeiden! Sie kann zu Atemproblemen führen und fördert die Ausbreitung von Krankheiten. Informationen zur Fütterung von Jungschlangen finden Sie im Kapitel „Inkubation und Aufzucht".

WUSSTEN SIE SCHON?
Besonders Jungtiere und trächtige Weibchen haben einen erhöhten Flüssigkeitsbedarf, der bei mangelhafter Versorgung und Stress (z. B. durch Transport) das Immunsystem schwächt und zu Krankheit und Tod führen kann!

Mindestens zwei Kotproben sollten zur parasitologischen Untersuchung eingeschickt werden. Dieser minimale Aufwand spart spätere Kosten und Ärger, vor allem aber kann er das Leben der Schlangen retten! Eine frische Kotprobe zur Untersuchung wird über einen Tierarzt vor Ort oder direkt an ein spezialisiertes Labor eingeschickt (Adressen siehe „Weitere Informationen"). Die Kosten dafür liegen zurzeit bei ca. 17 €. Fallen beide Proben negativ aus, kann man die Tiere in ihr endgültiges Terrarium überführen, ansonsten behandelt man sie nach Weisung.

Das Terrarium

Zu Terrariengröße und -format gibt das Gutachten „Mindestanforderungen an die Haltung von Reptilien" folgende Empfehlungen: Die Terrariengröße für ein Pärchen von *O. aestivus* sollte wenigstens den Faktoren 1,0 x 0,5 x 1,0 (L x B x H) entsprechen, multipliziert mit der Länge des größeren Tieres. Für ein Pärchen, bei dem der größere Partner 70 cm lang ist, bedeutet das konkret die Maße 70 x 35 x 70 cm. Für jedes weitere Tier müssen je 20 % des Volumens unter Beibehaltung der Proportionen addiert werden. *Opheodrys aestivus* wird im Gutachten merkwürdigerweise als terrestrische Art beschrieben. Dies stimmt natürlich nicht! Da Grasnattern überwiegend klettern, sind gut strukturierte Terrarien mit einer Höhe ab ca. 80 cm geeignet. Um Rückzugsräume zu bieten (und somit Stress zu vermeiden) muss das Terrarium mindestens 50 cm tief sein. Je größer ein Terrarium, desto besser lassen sich Temperatur- und Feuchtigkeitsgefälle herstellen, was den Tieren die Auswahl ihres Vorzugsplatzes ermöglicht. Doch Achtung: Sehr große Terrarien sind schwieriger zu beheizen, weniger überschaubar, und die nötige Futterdichte ist schwerer zu realisieren! Für eine Zuchtgruppe mit vier adulten Tieren sind daher nach unserer Meinung Terrarien der Größe 100 x 60 x 100 cm sehr gut geeignet. Jüngere Tiere müssen dagegen unbedingt in kleineren Behältnissen gehalten werden (siehe unten).

Terrarien für adulte Raue Grasnattern sollten wenigstens eine Höhe von ca. 80 cm haben und reichlich strukturiert sein. Staunässe muss vermieden werden.

Das Terrarium darf nicht der prallen Sonne ausgesetzt werden, da es sich sonst unkontrolliert aufheizen kann. Der Hitzetod bei Reptilien geht sehr schnell vonstatten.

Es existiert eine Vielzahl an Baustoffen für Terrarien: Glas, Holz (Vollholz, OSB-Platten, Pressspanplatten, Siebdruckplatten, Bauplatten, Kunststoff (Hartschaum, PVC) oder auch Gaze. Dazu gibt es im Hinblick auf Terrarien für Grasnattern funktionale, finanzielle und ästhetische Kriterien.

Holzterrarien eignen sich weniger zur Haltung Rauer Grasnattern, da sie feuchtigkeitsempfindlich und hygienisch problematisch sind. Holz isoliert allerdings gut und lässt sich leicht selbst verarbeiten. Gazeterrarien halten keine Feuchtigkeit. Die Belüftung ist hervorragend, es fehlen jedoch isolierende Eigenschaften, weshalb sie höchstens für einen Sommeraufenthalt im Freien geeignet sind. Terrarien aus Kunststoff (PVC, Hartschaum) sind funktional geeignet (Isolierung, Hygiene, Feuchtigkeit, Haltbarkeit), jedoch ästhetisch fraglich. Glas ist gut geeignet, auch wenn die Wärmeisolierung schlecht ist. Es ist unempfindlich gegen Feuchtigkeit, einfach zu reinigen und desinfizieren und lässt viel diffuses Licht ins Becken, was Tieren und Pflanzen zugute kommt. Der handwerkliche Umgang mit Glas ist nicht jedermanns Sache, weshalb die meisten auf Standardterrarien aus dem Handel zurückgreifen. Wir bevorzugen für Raue Grasnattern Glasterrarien.

Zur Vermeidung von Staunässe ist eine gute Belüftung wichtig. Die Lüftungsschlitze sollten an zwei verschiedenen Seiten, aber nicht einander direkt gegenüber liegen, um Zugluft zu vermeiden. Dies ist in größeren Standardterrarien bereits so vorgesehen. Die Lüftungsflächen dürfen nicht zu groß sein, da sonst die Feuchtigkeit zu schnell verdunstet. Ein zu feuchtwarmes Klima bietet gute Brutstätten für Krankheiten und Parasiten wie Milben. Der Abstand zwischen den Schiebescheiben darf vor allem bei jungen und semiadulten Schlangen nicht zu groß sein, da er sonst zur Flucht genutzt wird!

Terrarienbaustoff	Isolierung	Feuchtigkeit	Belüftung	Haltbarkeit	Eignung
Holz	+	- -	-	-	-
Gaze	-	-	+ +	+	-
Hartschaum, PVC	+	+ +	-	++	+
Glas	-	+ +	-	++	+

Klima und Technik

OPHEODRYS *aestivus* ist ein Bewohner gemäßigter und subtropischer Klimazonen. Die Tiere fühlen sich bei Temperaturen zwischen 23 und 28 °C tags und einer Nachtabsenkung auf ca. 20–24 °C wohl. Zusätzlich benötigen sie tagsüber jedoch lokale Wärmebereiche mit Temperaturen zwischen 28 und 33 °C. Ein Temperaturgefälle (z. B. oben wärmer, unten kühler) muss erreicht werden, damit die Schlangen ihre Vorzugswerte wählen können. Ein Infrarotthermometer eignet sich sehr gut zur mobilen Überprüfung, aber natürlich lassen sich auch analoge und digitale Thermometer einsetzen. Da Raue Grasnattern fast ausschließlich Tropfen von Gegenständen und nicht aus der Wasserschale trinken, müssen Pflanzen und Einrichtung ein- bis zweimal täglich besprüht werden. Das kann von Hand mit dem Blumensprüher oder durch eine Sprühanlage mit digitaler Zeitschaltuhr erledigt werden. Die kurze Sprühdauer muss dabei je nach Gerät, Anzahl der Düsen und Terrariengröße eingestellt werden. So sind die Tiere regelmäßig mit Feuchtigkeit versorgt. Bei kleinen Aufzuchtbehältern sollte man lieber von Hand sprühen, um Überschwemmungen zu vermeiden. Auch bei Abwesenheit, z. B. im Urlaub, muss diese Versorgung gewährleistet sein, z. B. durch Freunde.

Die Beleuchtung erfolgt durch z. B. 18-W-Leuchtstoffröhren oder spezielle, UV-Licht emittierende Röhren im Becken selbst und punktuelle Halogenspots von außen. Wichtig ist, dass sich die Nattern nicht verbrennen können, d. h., eine direkte Berüh-

Eine vertikal außen positionierte, schwache Heizmatte oder eine mit einem Spot beleuchtete Stelle ist ein beliebter Ort zum Aufwärmen. Im Sommer werden solche Heizquellen wegen Überhitzungsgefahr abgeschaltet.

rung der Schlangen mit heißen Leuchtkörpern ist zwingend zu vermeiden. Daher müssen Halogenspots außen oder in (gaze) gesicherten Leuchtkästen angebracht werden. Bei sommerlichen Temperaturen müssen Sie unbedingt darauf achten, dass das Terrarium nicht überhitzt! Eventuell sind Leucht- und Wärmequellen abzuschalten bzw. durch effiziente Leuchtmittel zu ersetzen, etwa eine T5-Röhre von außen, mit elektronischem Vorschaltgerät mit geringer Wärmeentwicklung. Auch die Beleuchtungsdauer wird am besten mittels Zeitschaltuhr gesteuert und kann dem jahreszeitlichen Verlauf angepasst werden, man fährt sie also zur kühleren Jahreszeit allmählich zurück. Zur Sicherheit wird in dem Raum, in dem die Terrarienanlage steht, ein FI-Schutzschalter von einer Fachkraft installiert. Kurzschlüsse und Fehlerströme durch unsachgemäße Anschlüsse können sonst für Mensch und Tier tödlich enden!

Die Notwendigkeit einer UV-Bestrahlung für Schlangen wird kontrovers diskutiert. Wir versorgen junge Grasnattern regelmäßig mit natürlichem UV-Licht in Gazebecken, wobei fortlaufend die Temperatur kontrolliert wird. Um eine Überhitzung zu vermeiden, werden die sehr gut belüfteten Terrarien im Halbschatten unseres Gartens aufgestellt. Nachts bzw. bei Abwesenheit stellen wir die Becken wieder ins Terrarienzimmer. UV-Strahlung verteilt sich übrigens diffus und ist somit auch

DER PRAXISTIPP

Besprühen Sie Pflanzen und Einrichtung mit sehr warmem, fast heißem Wasser! Das erhöht die Luftfeuchte im Terrarium sofort und schockt die Tiere nicht wie kaltes Wasser. Keine Angst: Durch die schnell entstehende Verdunstungskühle des Sprühnebels besteht keine Verbrennungsgefahr. Testen Sie es vorher selbst an Ihrer Hand! Die Tiere selbst sollten nicht angesprüht werden, da ihnen sonst durch die Verdunstung direkt Wärme entzogen würde.

Raue Grasnattern sind brillante Ausbruchskünstler! Sie nutzen jeden Spalt und jede Chance zur Flucht! Jungtiere werden daher am besten in „drosophiladichten" Falltürterrarien gehalten.

> **DER PRAXISTIPP**
> Je kleiner ein Becken, desto schwieriger ist es, ein Temperaturgefälle zu erzeugen. Weniger ist hier mehr: Ein Terrarium von 40 x 40 x 60 cm mit zwei 60-W-Spots und einer Heizmatte zu beheizen, ist definitiv nicht zuträglich für die Nattern, sondern erinnert eher an eine Sauna, die von Innen nicht zu öffnen ist. In solchen Becken kommt es schnell zu Überhitzung und Austrocknung der Tiere. Eine adäquate Beleuchtung/Erwärmung allein von oben ist der richtige Weg!

im Schatten vorhanden. Zu beachten ist, dass normales Glas die UV-Strahlung im Gegensatz zur Infrarot- bzw. Wärmestrahlung nicht passieren lässt! Wir beobachten regelmäßig, dass Jungtiere ca. 1–2 Minuten, nachdem wir sie im Gazeterrarium ins Freie gestellt haben, sehr aktiv werden und zu jagen beginnen. Sicher ein gutes Zeichen! Unsere adulten Tiere bringen wir nicht mehr ins Freiland. Aber auch ohne natürliche UV-Strahlung erfreuen sie sich guter Gesundheit und setzen jedes Jahr Gelege in bestem Zustand ab. Wir überlegen dennoch, ob wir nicht auch unsere Zuchtgruppen im Sommer in Gazeterrarien zeitweise nach draußen stellen sollen. Eine adäquate UV-Bestrahlung ist sicher kein Nach-

Einrichtung

DIE Innenausstattung ist essenziell für den Lebensraum Terrarium. Dabei gibt es zwei gegensätzliche Ideologien: naturnah oder funktionell. Zwischen diesen Extremen bleiben jedoch viele Möglichkeiten. Für adulte *O. aestivus* wählen wir ein möglichst naturnahes Terrarium, während Jungtiere zur besseren Kontrolle mehr unter funktionalem Gesichtspunkt untergebracht werden.

Fangen wir unten an: Als Bodengrund verwenden wir seit Jahren düngemittelfreie, lehmhaltige Anzuchterde, die es im Baumarkt oder in der Gärtnerei günstig gibt, und vermischen diese zur Auflockerung und Durchlüftung mit etwas Sand. Speziell für Reptilien angebotener Bodengrund ist nicht notwendig; er ist teuer und bietet keine speziellen Vorteile. Torf neigt auf Dauer zu Feinstaubbildung und sollte aus Naturschutzgründen ohnehin nicht verwendet werden. Der Bodengrund wird ca. 7–10 cm hoch in das Terrarium eingebracht. Die Tiere jagen zuweilen auf dem Boden nach Insekten und graben

teil für Raue Grasnattern.
Um weitere Wärmezonen im Terrarium zu erzeugen, können im oberen Bereich großer Terrarien Heizmatten außen an der Rückwand befestigt werden. Diese Zonen müssen von den Schlangen erreichbar sein, damit sie sich dort gezielt aufwärmen können. Die Heizmatten werden nachts abgeschaltet. Sie sollten nicht am Boden platziert werden, da der Bodengrund ein kühler Rückzugsraum bleiben soll und aufsteigende Wärme Austrocknung begünstigt.

Lebende Pflanzen geben gespeicherte Feuchtigkeit gleichmäßig ab und bilden Rückzugsräume für die Schlangen.

sich zur Eiablage oder zur Überwinterung darin ein. Anzuchterde speichert gut Feuchtigkeit, schimmelt nicht schnell, sieht ansprechend aus und bietet die Möglichkeit zum Eingraben. Sollten beim Fressen Erdteilchen mit gefressen werden, ist dies weniger dramatisch als bei Rindenmulchstücken, die für die Schlangen lebensbedrohlich werden können. Sand als Bodengrund ist ungünstig, da er sich in die Zwischenräume der Bauchschuppen setzen und dort Entzündungen verursachen kann.

Buchenholzspäne sind völlig ungeeignet: Sie speichern kaum Feuchtigkeit, schimmeln schnell, sind scharfkantig (Gefahr beim Verschlucken!), ungeeignet zum Vergraben und sehen unnatürlich aus. Außerdem sammeln sich getrocknete, staubende Exkremente

Raue Grasnattern schlafen nachts meist im Geäst.

Vergesellschaftung

MAN unterscheidet innerartliche und zwischenartliche Vergesellschaftung. Innerartliche Paar- oder Gruppenhaltung von Grasnattern ist möglich, wenn genügend Raum und Strukturierung vorhanden sind, dass sich die Tiere nicht sozial stressen. Man kann mehrere Männchen mit mehreren Weibchen vergesellschaften. Eine zeitweise Geschlechtertrennung erspart den Weibchen anhaltenden Paarungsdruck durch die Männchen. Bei Gruppenhaltung muss man bei Fütterungen verstärkt aufpassen, da sich die Tiere aus Futterneid versehentlich verbeißen und sogar gegenseitig fressen können! Ebenso müssen genügend Verstecke und Wärmeplätze vorhanden sein. Die vergesellschafteten Tiere sollten möglichst annähernd gleich groß sein, damit kleinere Exemplare nicht eingeschüchtert werden und ausreichend Nahrung erhalten. Die Gefahr des gegenseitigen Fressens ist bei unterschiedlich großen Tieren höher! Weibchen dürfen nicht zu früh mit Männchen vergesellschaftet bzw. verpaart werden (siehe unten). Die Geschlechter sollten getrennt werden, sobald man sie sicher bestimmen kann, und so lange

Pflegearbeiten und Pflegeaufwand

DA Raue Grasnattern sensibel und scheu sind, verbietet sich ein regelmäßiges Handling der Tiere. Reptilien sind Wildtiere und somit „Schautiere", keine „Streicheltiere". Sie fühlen sich am wohlsten, wenn sie ungestört sind. Lediglich für größere Reinigungsaktionen, beim Umsetzen oder bei Gesundheitskontrollen werden die Tiere vorsichtig und nur zur Aktivitätszeit in die Hand genommen. Die Raue Grasnatter hat – bedingt durch ihr Futterspektrum – einen relativ schnellen Stoffwechsel. Je nach Umgebungstemperatur wird etwa 1–2 Tage nach der Fütterung abgekotet. Insofern besteht häufiger Reinigungsbedarf als z. B. bei Königspythons. Hygiene ist wichtig, damit aufrecht erhalten werden, bis die Weibchen eine adäquate Größe und Masse erreicht und somit genügend Energiereserven für eine Trächtigkeit aufgebaut haben. Jüngere Männchen können dagegen problemlos mit älteren Weibchen vergesellschaftet werden, wenn der Größenunterschied nicht zu gewaltig ist.

Für Raue Grasnattern lehnen wir allerdings jegliche zwischenartliche Vergesellschaftung ab. Es ist unseres Erachtens günstiger, für jede Art eigene Terrarien bereitzustellen, damit sie ihr spezifisches Verhaltensspektrum zeigen kann. Eine Vergesellschaftung mit kleinen Echsen bedeutet vor allem für die Echsen Stress, denn Schlangen entsprechen dem Feindschema. Eine Vergesellschaftung mit Amphibien oder Schildkröten halten wir ebenfalls für nicht angeraten, weil diese Tiergruppen potenzielle Überträger gefährlicher Krankheiten für Schlangen sind.

Raue Grasnattern können unabhängig vom Geschlecht in Gruppen gehalten werden. Die Größenunterschiede sollten nicht zu groß sein; Weibchen sollten erst ab einem Alter von drei Jahren verpaart werden.

Krankheiten verhindert werden. Die Wasserbehälter werden alle 3–4 Tage gesäubert, bei Verschmutzung durch Kot sofort. Die Schale wird mit heißem Wasser gereinigt bzw. ausgedampft. Häutungsreste werden sofort entfernt. Verschmutzte Blätter wischt man mit einem feuchten Tuch sauber, damit die Nattern mit dem Kot eventuell ausgeschiedene Endoparasiten nicht wieder beim Trinken aufnehmen (Re-Infektion!). Das gesamte Terrarium wird regelmäßig kontrolliert. Kot auf dem Bodengrund wird punktuell sofort entfernt. Springschwänze und Weiße Asseln im Terrarium helfen bei der Beseitigung von Fäkalien, Futterresten und anderen Abfallstoffen. Sie sind unge-

fährliche und nützliche Helfer.
Es ist darauf zu achten, dass die Grasnattern nicht durch zu häufige Aktionen im Becken gestresst werden. Zur Großreinigung des Terrariums, die ein- bis zweimal im Jahr erfolgt, werden die Schlangen herausgefangen. Der alte Bodengrund wird entsorgt, Einrichtungsgegenstände werden abgebürstet und mit heißem Wasser gereinigt oder ausgewechselt.
Wie schon erwähnt, trinkt *O. aestivus* fast ausschließlich Sprühwasser. Daher müssen Pflanzen und Einrichtung regelmäßig morgens und im Sommer auch mittags ausgiebig besprüht werden. Dies darf mittags nicht zu spät geschehen, damit die Tiere bei Abkühlung nachts trocken liegen. Ein Trinkgefäß muss dennoch stets vorhanden sein. Die Tiere müssen stets trockene Ablageflächen aufsuchen können. Sind die Pflanzen erholungsbedürftig, dann erhalten sie im Frühjahr oder Sommer einen befristeten Aufenthalt im Freien und werden in dieser Zeit durch andere Gewächse ersetzt. Unsere Terrarienräume erhalten durch die Fenster viel diffuses, helles Tageslicht. Die Nattern erleben dadurch den natürlichen

Ernährung und Fressverhalten

OPHEODRYS *aestivus* ernährt sich primär insektivor, die flinken Nattern jagen und erbeuten also aktiv Flug- und Laufinsekten. Diese werden meist mit dem Kopf voran verschlungen. In der Natur werden neben Heimchen, Grillen und Grashüpfern auch Käfer, Libellen, Eintagsfliegen, Schmetterlingsraupen, Heupferde, Schaben, Asseln, Stabschrecken, Spinnen, Tausendfüßer, Schnecken, Mantiden und angeblich kleine Laubfrösche (Hylidae) erbeutet (PLUMMER 1981a, 1991). Auch wenn *O. aestivus* im Terrarium versehentlich Artgenossen fressen kann, wenn sich zwei Tiere in dasselbe Futterinsekt verbissen haben, ist die Art nicht ophiophag (schlangenfressend). Zur aktiven Beutesuche bewegen sich die Nattern langsam und kaum wahrnehmbar durch das Geäst. Nur selten begeben sie

Jahreszyklus durch die wechselnde Tag/Nacht-Dauer und durch Temperaturunterschiede zwischen Tag und Nacht.

Wenn sich die Schlangen im November seltener zeigen und weniger fressen, ist es Zeit für eine winterliche Temperaturabsenkung. Dazu werden sukzessive die Wärmequellen und die Beleuchtung reduziert und schließlich ganz abgeschaltet. Die Tiere erhalten dann nur noch diffuses Tageslicht. Wir gönnen unseren Zuchtgruppen eine „weiche Überwinterung“ bei etwa 16 °C. Näheres dazu im Kapitel „Überwinterung“.

Bei warmem Sprühwasser erschrecken die Tiere nicht, wenn sie nass werden, und die Luftfeuchte steigt schnell an. Man sollte die Nattern nach Möglichkeit nicht direkt besprühen. Bei Sprühanlagen lässt sich dies aber nicht immer vermeiden.

sich dazu auf den Bodengrund, da dort viele Gefahren lauern.

Hat sie ein Beutetier entdeckt, gleitet die Raue Grasnatter schnell darauf zu, verlangsamt auf den letzten Zentimetern ihr Tempo und spannt dabei die vordere Körperhälfte an. Direkt vor dem Zuschlagen sind die sonst typischen Wackelbewegungen des Kopfes und das Züngeln nicht mehr zu beobachten. Aus nächster Nähe (ca. 1,6 cm nach Goldsmith 1986) fixiert die Natter ihr Ziel und beißt blitzschnell zu. Raue Grasnattern gehören nicht zu den Würgeschlangen; sie verschlingen ihre Beute lebend.

Wir können das natürliche, breite Futterspektrum zu Hau-

Eingewöhnte Tiere fressen sogar von Pinzette oder aus der Hand.

Raue Grasnattern fressen Insekten, wie z. B. Heimchen, Grillen oder Heuschrecken.

se nicht bieten und ernähren unsere Grasnattern mit Heimchen, Grillen und Heuschrecken. Spinnen gelten als Geheimtipp, sind aber nicht leicht anzubieten und erbeuten selbst gerne die Heimchen im Terrarium. Begehrt sind Wachsmottenlarven,

Fliegenmaden zur Zucht

die aber als Dauerfutter zu fetthaltig sind. Mehlwürmer sind wegen des festen Chitinpanzers als Grundnahrung ebenfalls ungeeignet. Stubenfliegen, deren Maden man im Anglergeschäft erhält, können in adäquaten Mengen regelmäßig im Becken sein. Wegen ihrer Größe besteht dabei kaum Gefahr, dass sich die Schlangen in dasselbe Futtertier verbeißen. Angebotene Futtertiere sind unmittelbar vor dem Verfüttern mit einem Multivitamin/Mineralstoff-Pulver (z. B. Korvimin, Nekton mit zerriebener Sepiaschale) zu bestäuben. Zuvor sollten sie bereits mindestens zwei Tage lang mit hochwertigem Futter ernährt worden sein (Obst- und Gemüsestücke, Obstbrei, mit Multivitaminsaft und Mineralpulver getränktes Küchentuch in einem Getränkeflaschen-Deckelchen etc.). Ein Aufenthalt der Insekten im Freien bei adäquaten Temperaturen und UV-Licht vitalisiert sie und macht sie nahrhafter. Zum Bestäuben werden die Insekten in einer Heimchenbox mit dem Pulvergemisch leicht geschüttelt, sodass das Pulver an ihnen haftet, und dann gleich angeboten. Beim Füttern muss dringend darauf geachtet werden, dass sich die Nattern nicht ineinander verbeißen, da die Tiere sehr futterneidisch sind. Wird ein großes Futtertier von zwei Nattern gepackt, kann es geschehen, dass eine Natter über das Maul der anderen gelangt und diese mitfrisst. Dabei besteht die Gefahr, dass beide Schlangen ersticken. Leider mussten wir diese Erfahrung bereits machen. Daher haben wir die Fütterungsmethode optimiert und bieten Futtertiere seitdem im offenen Einmachglas an, das immer mit 9–12 Insekten gefüllt am Terrarienboden steht. Das hat viele Vorteile: Die Insekten können sich nicht im Terrarium verteilen und verstecken. Die Gefahr, dass die nachtaktiven Grillen und Heimchen schlafende Grasnattern anknabbern, ist minimiert. Die Reptilien lernen, wo die Futterstelle ist, und suchen sie aktiv auf. Da dort stets Futter vorhanden ist, wird die Nahrungsaufnahme über den Tag verteilt, und die Gefahr des gegenseitigen Verbeißens ist gering. Die vitaminbestäubten Insekten verlieren nicht so viel Pulver, da sich auf dem Boden des Glases stets etwas Pulver befindet. Man hat stets eine Kontrolle, wie viel gefressen wird bzw. ob „nachgefüllt“ werden muss. Zudem verschlucken die Nattern beim Jagen kein Bodensubstrat, was zu Entzündungen im Maul oder zu Verstopfung führen könnte. Ab und zu wird gezielt von Pinzette oder aus der Hand gefüt-

DER PRAXISTIPP

Je größer ein Futtertier, desto größer die Gefahr, dass sich mehrere Schlangen gleichzeitig darin verbeißen, da der Fressvorgang länger dauert. Stubenfliegen dagegen sind schnell verschluckt. Daher ist bei ihnen die Gefahr gering. Sie sind zwar nicht sehr nahrhaft, die Jagd ist jedoch eine Art „Bewegungstraining“ für die Grasnattern. Um sie aufzuwerten, kann man sie vor dem Verfüttern außerdem noch ein paar Tage mit Babybrei, Obst und Honigwasser füttern. Fliegen können regelmäßig frei im Terrarium sein. Zu viele Fliegen können die Nattern aber verwirren und stressen. Wilde Fliegen sind oft Krankheitsüberträger und sollten daher niemals verfüttert werden.

Schon bei Jungtieren kann es passieren, dass sie sich bei der Jagd gegenseitig beißen.

Erfolgt die Ersthäutung von Jungtieren nicht problemlos, kann man mit lauwarmem Wasser nachhelfen. Die Prognose für das Jungtier ist dann aber schlecht.

Gesunde Schlangen häuten sich am Stück. Die Häutung beginnt an der Schnauzenspitze; die Haut wird an rauen Gegenständen abgestreift und bleibt nach außen gedreht oft im Geäst hängen. Bei fehlender Feuchte, durch Narben oder bei Stress kann es zu Häutungsproblemen kommen.

bei allen Neuzugängen eine mindestens sechswöchige Quarantäne unter strengen Hygienemaßnahmen und die regelmäßige Durchführung parasitologischer Untersuchungen (nach dem Kauf, anschließend ein Mal pro Jahr). Die frische Kotprobe muss umgehend im Labor untersucht werden, da es je nach Temperatur und Feuchte zur rasanten Vermehrung bzw. zum Absterben möglicher Parasiten und damit zu falschen Ergebnissen kommen kann. Es sollen grundsätzlich keine Medikamente prophylaktisch verabreicht werden. Das eingesparte Geld für eine Untersuchung geht auf Kosten der Tiere. Bei

Überwinterung

IN den natürlichen Lebensräumen der Rauen Grasnatter erleben die Tiere abhängig vom Breitengrad eine mehr oder weniger ausgeprägte Winterpause. Im Terrarium ist es daher angebracht, eine Winterruhe mittels Änderungen von Licht und Wärme zu simulieren. Dauer und Temperatur hängen vom Ursprungsgebiet der Tiere ab. Leider ist dieses oft unbekannt, weshalb man im Zweifel eine „sanfte“ Überwinterung wählt. Grasnattern fressen weniger, wenn es kühler wird, und ziehen sich zurück. Ihr Verlangen nach einer Winterpause zeigen sie also selbst an. Bei unseren Grasnattern findet kein Wechsel in schweren Erkrankungen muss umgehend ein reptilienkundiger (!) Tierarzt aufgesucht werden. Kontaktdaten bekommen Sie über die DGHT (www.dght.de). Die Gefahr der Übertragung von Krankheiten von Reptilien auf Menschen (Zoonose) ist gering. Trotzdem ist Hygiene ein grundlegendes Element in der Tierhaltung. Vor und nach jeder Aktion am Terrarium oder mit den Tieren werden die Hände kräftig mit Seife gewaschen und mit einem Desinfektionsmittel auf Alkoholbasis (z. B. F10) desinfiziert. Benutzte Geräte wie Pinzetten sind gründlich zu reinigen, etwa durch Desinfektion im Alkoholbad oder Überbrühen mit kochendem Wasser. Verunreinigtes Werkzeug darf nie für weitere Terrarien verwendet werden, um Krankheitsübertragungen zu vermeiden! Beobachten Sie Ihre Tiere im Terrarium aufmerksam und lernen Sie, aus dem Verhalten ihre Bedürfnisse zu erkennen.

DER PRAXISTIPP

Besonders Amphibien und Schildkröten können Überträger von für Echsen und Schlangen gefährlichen Krankheiten sein und sollten daher nicht unmittelbar vor der Versorgung solcher Reptilien gepflegt werden. Optimal ist es, wenn man für jedes Terrarium eigenes Werkzeug (z. B. Pinzetten) verwendet, das nach jeder Verwendung desinfiziert und gereinigt wird. Bei Nachzuchttieren ist das Krankheitsrisiko zwar geringer, doch nie auszuschließen.

Die Farbe der Maulschleimhaut kann bei Rauen Grasnattern variieren. Die Schleimbildung unterstützt den Schluck- und Vorverdauungsvorgang beim Fressen.

ein spezielles Überwinterungsterrarium statt. Wir gewähren den Tieren ab Anfang Dezember eine Winterruhe in Form einer „weichen Überwinterung“. Dabei wird das Futterangebot minimiert, und wir reduzieren sukzessive Heizung und Licht. Die Temperaturen im Terrarium pendeln sich auf etwa 16 °C ein. Die meisten Nattern ziehen sich in die Korkhöhlen zurück oder vergraben sich im Bodengrund bzw. im Blumentopf. Dabei ist weiterhin Trinkwasser bereitzustellen und ein Teil der Bepflanzung zu besprühen, denn auch im Winter verdunstet viel Feuchtigkeit, was die Gefahr einer Austrocknung birgt. Keinesfalls dürfen die

Zum Überwintern vergräbt sich *Opheodrys aestivus* im Bodengrund.

Schlangen nasskalt überwintert werden! Schimmelbildung ist zu verhindern. Da der Stoffwechsel bei Temperaturen um 16 °C nicht so stark verlangsamt ist wie bei noch niedrigeren Temperaturen, dauert die Überwinterung nur ca. sechs Wochen. Dadurch vermeiden wir, dass die Schlangen ihre Körpervorräte auszehren. Es gilt

Fortpflanzung

LEIDER gibt es zurzeit in Mitteleuropa nur wenige intakte Zuchtgruppen von *O. aestivus*, aus denen regelmäßig Nachzuchten hervorgehen. Weibchen sind bereits mit zwei Jahren und einer Kopf-Rumpf-Länge (KRL, von der Schnauzenspitze bis zum Kloakenspalt) von 30–40 cm geschlechtsreif (MITCHELL 1994; PLUMMER 1984). Trotzdem sollten Weibchen erst ab dem dritten Lebensjahr verpaart werden. Männchen sind ab ca. zwölf Monaten und rund 24–30 cm KRL geschlechtsreif (MITCHELL 1994). Die Hoden produzieren nun genug Spermien, um im folgenden Frühjahr fortpflanzungsbereit zu sein. Das produzierte Sperma wird mit dem Temperaturabfall im Herbst bis zur nächsten Fortpflanzungsphase gespeichert.

WUSSTEN SIE SCHON?
Der Körperfettgehalt der Weibchen ist im zeitigen Frühjahr und im späten Herbst am höchsten. Während der Trächtigkeit im Frühjahr werden diese Fettreserven zur Eidotterbildung um bis zu 70 % abgebaut. Besonders in diesem Zeitraum ist die optimale Nährstoff- und Vitaminversorgung wichtig, um ein Auszehren des Körpers zu verhindern.

Im Terrarium beginnt die Fortpflanzungszeit nach der Winterpause. Entdeckt ein Männchen ein Weibchen, nähert es sich der Partnerin schnell. Durch optische Reize und Pheromone (Sexualduftstoffe) werden die Tiere stimuliert. Besonders nach der Häutung werden Pheromone verstärkt an die Luft abgegeben, was die Männchen umso heftiger erregt. Es ist nicht zwingend notwendig, die Nattern

die Grundregel „je kühler, desto länger die Überwinterung – je wärmer, desto kürzer". Die Auswinterung erfolgt umgekehrt: Nachdem Licht- und Wärmequellen im Verlauf von etwa zehn Tagen sukzessive zugeschaltet wurden, zeigen sich die Grasnattern bald wieder aktiv an ihren bevorzugten Wärmeplätzen. Nun wird auch wieder vermehrt Futter angeboten und gefressen. Die Winterpause ist keine zwingende Voraussetzung für eine erfolgreiche Nachzucht. Eine Ruhepause für den Stoffwechsel ist aber sicher gesund und trägt zu einer Erholung für den Organismus und wahrscheinlich zu einer längeren Lebenserwartung bei.

getrennt zu überwintern oder mehrere Männchen zu besitzen, da es bei Rauen Grasnattern keine stimulierenden Kommentkämpfe gibt. Als Vorspiel kann es zu regelrechten Verfolgungsjagden kommen. Der Kopf des Männchens wackelt aufgeregt, und der Schwanz vollführt wellenartige, tänzelnde Bewegungen. Die Zunge des Männchens berührt wiederholt den größeren Körper des Weibchens. Zugleich schmiegt sich das Männchen zur Stimulation an dessen Nacken und Rücken und reibt dort sein Kinn in Kopfrichtung des Weibchens. Dabei sucht es mit seinem Schwanz aktiv die Kloakenöffnung, um dort einen seiner beiden stacheligen Hemipenes (Schlangen haben einen zweigeteilten Penis)

Das Männchen kriecht zur Stimulation auf den Körper des Weibchens.

DER PRAXISTIPP

In der Zeit der Trächtigkeit fressen Weibchen oft bis kurz vor der Eiablage kräftig und nehmen zu. Männchen dagegen können vor „Paarungswut“ die Nahrungsaufnahme vernachlässigen und stark abnehmen. In einem Fall mussten wir ein Männchen mehrere Wochen von der Zuchtgruppe separieren und wegen der Pheromone in einem separaten Raum gezielt anfüttern. Das Tier wäre sonst wohl verhungert.

einzuführen. Während der Kopulation zuckt der Körper des Männchens wellenförmig; ein Nackenbiss ist nicht zu beobachten. Kopulationen dauern 20–35 Minuten und finden im Geäst oder auf dem Boden statt. In der Natur wurden auch Herbstpaarungen beobachtet (MORRIS & VAIL 1991; RICHMOND 1956; COOPER 1995). Dies deckt sich mit unseren Beobachtungen im Terrarium.

Schlangen haben einen zweigeteilten Penis. Er ist mit Stacheln ausgestattet, damit er sicher in der Kloake verbleibt.

Um trächtigen Weibchen ständigen Paarungsdruck zu ersparen, kann man die Geschlechter trennen. Dies ist besonders vor der Eiablage zu empfehlen. Keinesfalls sollten zu junge Weibchen

Der stachlige Hemipenis schwillt in der Kloake des Weibchens stark an.

verpaart werden, da sie noch nicht ausreichend körpereigene Vorräte haben, um die Eier optimal zu versorgen. Im Extremfall werden körpereigene, lebenswichtige Vorräte angezapft, was zu Osteomalazie (Kalziummangel der Knochen) und bis zum Tod (z. B. auch durch Legenot) führen kann.

Während der Trächtigkeit versorgen wir die Weibchen prophylaktisch vermehrt mit Kalzium, indem das Pulver zum Bestäuben der Futterinsekten mit etwas mehr Kalk (z. B. zerriebene Sepiaschale, Calcamineral) angereichert wird. Während der Paarungszeit sind die Weibchen oft sehr ungestüm beim Fressen und nehmen auch wesentlich mehr Nahrung zu sich. Nun steigt auch die Gefahr, dass sich die Tiere gegenseitig fressen. Eine Trächtigkeit ist zu erkennen, wenn das hintere Körperdrittel durch die Eibildung an Umfang zunimmt und schließlich die Schuppenzwischenhaut zu sehen ist. Für ständigen Nachschub an vitaminisierten Futtertieren muss unbedingt gesorgt sein! So sind die Natternweibchen und die Eier im Eileiter optimal mit Nährstoffen und Vitaminen versorgt.

DER PRAXISTIPP

Um das spätere Auffinden der Gelege zu erleichtern, legt man schon zur Paarungsphase Kork- oder Rindenstücke auf dem Boden aus, unter denen regelmäßig gesprüht wird. Hat man Glück, dann legt ein trächtiges Weibchen sein Gelege darunter ab. Achten Sie aber darauf, dass sich an solch feuchten Stellen kein Schimmel bildet.

Hochträchtiges Weibchen. Deutlich ist die gedehnte Haut zwischen den Schuppen zu erkennen. Wichtig ist besonders jetzt, die Futtertiere mit Vitaminen und Mineralstoffen zu versehen!

Gelege von *Opheodrys aestivus*

Die Eiablage erfolgt ca. 30–39 Tage nach der Kopulation. Die Gelege bestehen meist aus 2–6 weichschaligen Eiern, doch sind Gelegegrößen zwischen einem und 14 Eiern bekannt (FITCH 1985a). Die weißen, meist aneinander haftenden Eier sind anfangs ca. 25 mm lang (17,3–39,3 mm) und 11 mm breit (9,9–17,0 mm). Sie besitzen eine dünne, ledrige Eihülle. In der Natur finden Eiablagen vor allem im Juni/Juli, aber auch im August und September statt. CONANT (1951) und HOLFERT (1996) berichten von Zweitgelegen in einem Jahreszyklus. Dies können wir bestätigen, es ist aber für die körperliche Konstitution der Weibchen sicher nicht optimal. Zur Eiablage werden feuchte Ablagestellen bevorzugt. Im Terrarium sind dies bepflanzte Blumentöpfe und feuchte Stellen am Boden. Es besteht zwar eine Toleranz bezüglich der Substratfeuchte, allerdings schlüpfen aus Gelegen mit niedrigerer Luftfeuchte kleinere Jungtiere. Größere Schlüpflinge haben höhere Überlebenschancen. Natürliche Eiablageplätze sind verrottende Baumhöhlen und -stümpfe, Mooshöhlungen, Felsspalten, hinter lockerer Rinde oder winzige Baumschlitze (in der Größe eines Eies!) (PLUMMER 1989, 1990a). Neben Einzelgelegen gibt es seltener gemeinsame Gelege mehrerer Weibchen (PALMER & BRASWELL 1976). Mehr

Wachseier werden meist offen abgelegt.

als 89 % der Eier in der Natur sind befruchtet, die Schlupfrate davon beträgt wiederum 90 % (PLUMMER 1984). In den Folgejahren werden oft dieselben Nistplätze benutzt (PLUMMER 1989, 1990a). Dies macht es potenziellen Fängern leider leichter, sich der Natur zu „bedienen“.

Man erkennt eine erfolgte Eiablage daran, dass ein Weibchen im hinteren Körperdrittel plötzlich dünner und leicht eingefallen ist. Es ist weiterhin wichtig, ausreichend und vitamin- sowie mineralstoffreich zu füttern.

Grasnattern üben keine Brutpflege aus: Eier und Jungtiere sind nach der Eiablage sich selbst überlassen. War die Begattung nicht erfolgreich oder kam es zu keiner Paarung, können Weibchen unbefruchtete Eier („Wachseier“) ablegen, was meist offen an beliebigen Stellen erfolgt. Sie verfärben sich schnell gelblich und härten aus. In einer Gruppe ohne Männchen legten bei uns mehrere Weibchen im März 2006 unbefruchtete Eier ab. Eine verzögerte Befruchtung (Amphigonia retardata) durch Samenspeicherung scheint allerdings möglich.

WUSSTEN SIE SCHON?
Der Umfang der Gelege und die Größe der einzelnen Eier hängen von der Größe des Weibchens ab. Je größer und älter ein Weibchen, desto größer sind die Gelege – natürlich entsprechende Konstitution und Nährstoffversorgung vorausgesetzt. Allerdings sind natürliche Grenzen gesetzt, weshalb umfangreichere Gelege meist kleinere Eier enthalten.

Zur Eiablage werden feuchte Stellen bevorzugt, damit die Eier nicht eintrocknen.

Inkubation und Aufzucht

IM Inkubator haben die Eier grundsätzlich bessere Entwicklungschancen, da klimatische Gegebenheiten und Hygiene optimiert sind. Eier, die nicht rechtzeitig gefunden werden, drohen auszutrocknen. Die entdeckten Gelege werden, ohne sie um ihre Längsachse zu drehen, aus dem Terrarium geholt und in eine vorbereitete, temperierte „Heimchenbox“ mit kleinen Lüftlöchern und ca. 3 cm hohem, angefeuchtetem Substrat (z. B. Perlit) gelegt. Perlit ist hygienisch und speichert Feuchtigkeit; man bekommt es im Baumarkt als Dämmmaterial. In das feuchte Perlit wird vorab an die Stelle, an die das Gelege kommt, eine kleine Kuhle gedrückt. Die geschlossene Box mit dem Gelege wird in den vortemperierten Inkubator überführt. Wir verwenden einen speziellen Inkubator für Reptilien (Bruja), doch eignen sich natürlich auch andere Modelle oder Eigenfabrikate. Nach Bedarf wird die Feuchtigkeit durch vorsichtiges Besprühen des Perlits in den Ecken korrigiert. Die Eier dürfen nie direkt bespritzt werden. Ist die Feuchte zu hoch, wirken die Eier aufgebläht; ist sie zu niedrig, fallen sie ein. In beiden Fällen muss die Feuchtigkeit korrigiert werden! Die Schlupfrate betrug bei uns bisher stets über 90 %. Voraussetzung dafür ist eine gute Konstitution der Elterntiere, besonders der Weibchen. Die Inkubation dauert bei Temperaturen von 26–27 °C (ohne Nachtabsenkung) und einer Luftfeuchte von knapp 100 % ca. 50 Tage (35–61 Tage). Je höher die Bruttemperatur, desto früher der Schlupf. Allerdings kann es bei zu hohen

Die Jungschlangen ritzen mit ihrem Eizahn die Schale an und lugen heraus. Oft verbleiben sie 1–2 Tage im Ei und resorbieren den Eidotter. Man sollte sie dabei nicht stören!

oder zu niedrigen Temperaturen zu Missbildungen (z. B. Rückgratverkrümmungen) oder zum Absterben der Schlangenembryos kommen. Die Inkubationstemperatur hat keinen Einfluss auf das Geschlecht. Die Lufttemperatur während der Inkubation betrug bei einer Untersuchung in Arkansas zwischen 25 und 34,5 °C (PLUMMER 1990a).

War die Inkubation erfolgreich, ritzen die Jungschlangen mit ihrem Eizahn, der kurz darauf abfällt, die Eihülle an und strecken vorsichtig ihren Kopf heraus. Die Nattern verbleiben meist 1–2 Tage im Ei und resorbieren den verbliebenen Dotter als Nahrung. Diese Reserve hält für die nächsten ca. sieben Tage bis zur Ersthäutung an! Erst danach beginnen die kleinen Schlangen mit der Nahrungsaufnahme. Der Schlupf des gesamten Geleges erfolgt binnen weniger Tage.

Nachdem die Nattern ihr schützendes Ei verlassen haben, werden sie ins Aufzuchtbecken umgesetzt. Dieses ist bereits

DER PRAXISTIPP

Sind die Eier eingefallen, d. h. zu trocken, befeuchtet man das Substrat erneut und legt ein Stück feuchtes Zeitungspapier über das Gelege im Inkubator. So entsteht ein feuchtes Mikroklima, da Papier die Feuchte schnell aufnimmt und kontinuierlich abgibt. Ist das Substrat zu feucht, legt man ein trockenes Stück Küchenpapier auf, das überschüssige Feuchtigkeit absaugt. Achtung: Gegen Ende der Zeitigung ist es normal, dass die Eier leicht einfallen.

Frisch geschlüpfte Raue Grasnattern sind bis zur Ersthäutung gräulich grün gefärbt.

WUSSTEN SIE SCHON?

Die Schlupfperiode dauert in der Natur von Juni bis Oktober, die meisten Jungschlangen schlüpfen von August bis September. Unter Terrarienbedingungen schlüpfen die Tiere bereits im März/April. Frisch geschlüpfte *O. aestivus* haben eine Gesamtlänge von ca. 20 cm (11,4-24,5 cm) und ein Gewicht von nur rund 1,5 g. Es wurde bereits über eine Zwillingsgeburt von *O. aestivus* berichtet. Leider verstarben die sehr kleinen Jungtiere nach relativ kurzer Zeit (A. Ayasse, pers. Mittlg. 2005). Die vielleicht erste Vermehrung von *O. aestivus* in Deutschland gelang übrigens bereits 1980 (Paulduro & Krabbe-Paulduro 1981).

eingerichtet und temperiert. Jungtiere haben anfangs eine leicht gräuliche Grünfärbung, die sich nach der Ersthäutung verliert und dann der Adultfärbung entspricht. In der Natur dient dies zugleich der Tarnung, ist aber auch durch die Feuchte im Ei und die bevorstehende Häutung bedingt. Die Nabelschnur trocknet bald nach Verlassen des Eies ab, und die Bauchdecke schließt sich. Mit feuchtem Küchenpapier als Bodenbelag vermindert man die Infektionsgefahr am Nabel. Die klimatischen Bedingungen entsprechen weitgehend denen der Alttiere, jedoch ist eine feuchtere Haltung wichtig. Wegen der hohen Austrocknungsgefahr darf keine große Wärme von unten zugeführt werden (Achtung bei Regalsystemen, bei der unter dem Aufzuchtbecken eine Beleuchtung der darunter stehenden Terrarien angebracht ist). Nach etwa einer Woche häuten sich die Nattern erstmals und beginnen frühestens ab dann mit der Nahrungsaufnahme. Mit kräftigem Sprühen kurz vor dem Häutungsprozess kann man diesen sogar provozieren. Es ist unbedingt zu prüfen, ob sich alle Jungtiere häuten. Nicht gehäutete Jungtiere haben leider keine gute Prognose.

Für Jungtiere eignet sich ein hochformatiges Aufzuchtbecken mit den Maßen 30 x 30 x 40 cm, alternativ 30 x 30 x 30 cm, mit Falltürscheibe („Spinnenwürfel" mit zwei (!) Lüftungsflächen). Die Nattern fressen in kleineren Behältnissen besser und sind weniger scheu, da sie einen zu großen Lebensraum nicht überbli-

Mit Wachsmottenraupen lassen sich die scheuen Jungtiere sogar manchmal von Hand füttern.

cken können. Das Becken muss 100 % ausbruchsicher („drosophiladicht“) sein. Dafür eignen sich Falltürterrarien, da die schlanken Grasnattern problemlos zwischen zwei Schiebescheiben hindurchkriechen könnten. Die Schlangenbabys können bei etwas Feuchtigkeit sogar problemlos per Adhäsion senkrechte Glasscheiben hochkriechen. Daher muss die Falltür eng am Deckelglas anliegen. Kleinste Ritzen reichen zur Flucht! Passen Sie jedoch auf, dass die Falltür nie zur Guillotine wird!

Jungschlangen können einzeln oder in Gruppen von maximal 3–4 Jungtieren aufgezogen werden. Die Einzelhaltung bringt mehr Überblick und vermeidet die Gefahr gegenseitigen Verbeißens bei der Futteraufnahme, allerdings ist es möglich, dass sich die Nattern bei Gruppenhaltung gegenseitig zum Fressen animieren. Zur Einrichtung eignet sich schnell auswechselbares Küchenpapier am Boden. Anzuchterde speichert die Feuchtigkeit besser, kann aber beim Jagen versehentlich mitverschluckt werden. Als Versteck dienen ein kleines, umgedrehtes Tontöpfchen, in das man seitlich eine kleine Kerbe flext, Kletteräste, eine kleine Wasserschale, die nicht zu hoch für die kleinen Schlangen sein darf, sowie eventuell weitere Versteckplätze beispielsweise aus Kork. Vor

DER PRAXISTIPP

Häuten sich die Schlangen nicht komplett (besonders Augenregion und Schwanzspitze kontrollieren), deutet dies auf zu trockene Haltung oder Stress hin. Die Tiere werden unter Aufsicht einige Minuten in einer Schale mit ca. 22 °C warmen Wasser gebadet und dann vorsichtig von Hautresten befreit. Besondere Umsicht ist dabei in der Augenregion sowie bei der Schwanzspitze gefragt.

Funktionales Aufzuchtterrarium für Raue Grasnattern: Küchenpapier, Wasserschale, Futterbox, Pflanze, 20-W-Halogenstrahler, evtl. Gazeabdeckung

> **DER PRAXISTIPP**
> Ein Falltürterrarium macht auf folgende Weise „drosophiladicht“: Man wickelt in Höhe des Glasdeckels (+ 2 cm) eine Lage Frischhaltefolie um die Oberkante der Falltür und schließt das Terrarium. Der Spalt zwischen Falltür und Glasdeckel wird nun mit Silikon auf Essigbasis ausgefüllt. Nach ca. 24 Stunden hebt man die Falltür vorsichtig an und entfernt die Frischhaltefolie (das Silikon haftet am Glas, aber nicht auf der Folie!). Lochblech bzw. Gaze müssen engmaschig sein!

allem Jungtiere schlafen nicht immer im Geäst, sondern suchen über Nacht den Tontopf am Boden auf. Man sollte ihn regelmäßig leicht besprühen, damit darin eine höhere Luftfeuchte herrscht. Adulte Exemplare suchen Tontöpfe meist nur zur Überwinterung oder zur Eiablage auf und schlafen im Geäst oder an erhöhten Liegeplätzen.

Eine über dem Becken installierte 20-W-Halogen-Lampe erhellt und erwärmt das Terrarium von oben durch die Gaze. Eine Wärmequelle im Becken selbst birgt Verbrennungsgefahr. Heizmatten oder -kabel sind gefährlich, da die kleinen Tierkörper schnell dehydrieren! Äste, z. B. Korkenzieherhasel, bieten gute Klettermöglichkeiten. Lebende Pflanzen sind empfehlenswert, da sie Feuchtigkeit speichern und sukzessiv abgeben. Auf den Blättern und Zweigen liegende Nattern

Junge lassen sich in einzeln oder in Gruppen von bis zu vier Tieren aufziehen.

werden so mit Verdunstungsfeuchtigkeit versorgt. Die Pflanze ist täglich ein- bis zweimal zu übersprühen. Das Küchenpapier wird ca. alle sechs Tage gewechselt und der Boden dabei abgewischt. Für diese Pflegearbeiten setzt man die Schlangen kurz in einen anderen Behälter. Kot ist regelmäßig zu entfernen. Der Wassernapf wird alle drei Tage, bei Verschmutzung sofort gesäubert. Nachts sind wie bei den Adulti alle Heiz- und Lichtquellen abzuschalten. In einem solchen Aufzuchtbecken kann eine Grasnatter ihr erstes Lebensjahr gut verbringen.

Wie oben schon beschrieben, werden die Grasnattern an warmen Tagen in großflächig mit Metallgaze belüfteten Terrarien in den Halbschatten nach draußen gestellt, um eine natürliche UV-Bestrahlung zu ermöglichen. Terrarientemperaturen um 25–27 °C sind optimal. Es ist darauf zu achten, dass die Terrarien nicht überhitzen oder auskühlen, deshalb „sonnen" wir unsere Grasnattern nur unter ständiger Beobachtung! Ziehen sich die Tiere auf den Boden in die kühlste Ecke zurück, ist es zu heiß und damit akut lebensgefährlich! Unter UV-Bestrahlung werden die Nattern binnen 1–2 Minuten aktiv und jagen nach Insekten. Durch die UV-Strahlung wird im Körper Vitamin D_3 gebildet, das alternativ nur durch Vitaminpulver verabreicht werden kann.

Gefüttert wird mit kleinen Heimchen, Grillen und flugunfähigen *Drosophila*. Diese werden freilaufend und zusätzlich in einer offenen Heimchenbox mit Multivitamin/Mineralstoff-Pulver bestäubt angeboten. Man kann etwas Futter für die Insekten im Becken belassen, z. B. Haferflocken, damit sich keine hungrigen Insekten nachts an den schlafenden Schlangen ver-

Jungtiere häuten sich nach 7–10 Tagen zum ersten Mal und beginnen ab dann mit dem Fressen. Bis dahin müssen sie feuchter als die Adulten gehalten werden.

Schon die Kleinen gehen in die „Schlangenschule" und lernen das Fressen von Insekten aus der Heimchenbox.

greifen. Etwaiger Schimmel ist sofort zu entfernen! Die Futtertierdichte muss ausreichend, darf aber nicht zu groß sein, damit die Schlangen ihr Futter finden, aber nicht gestresst sind. Wählt man die Insekten nicht zu groß, ist ausgeschlossen, dass es beim Schlucken zu Verletzungen durch bedornte Sprungbeine kommt.

Es muss kontrolliert werden, ob jede einzelne Natter frisst. Oft sind junge Grasnattern allerdings zu scheu, um unter Beobachtung zu jagen. Findet man im Terrarium Kotspuren, ist das ein Beweis, dass ein Tier frisst und verdaut. Bei Gemeinschaftshaltung ist die Zuordnung natürlich erschwert. Sind die Schlangen an das Fressen aus der Heimchenbox gewöhnt, erhält man einen groben Überblick, wie viel gefressen wurde. Auch das Wachstum und der

Dank

GANZ besonders möchten wir uns bei unseren Terraristikfreunden Nicole und Sven Keller sowie David Müller bedanken, die sich während unserer Abwesenheiten gewissenhaft um unsere Tiere kümmern, außerdem bei Birgit und Rainer Kaup, die unsere Jung-Grasnattern während unserer Auslandsaufenthalte bei sich aufnehmen und optimal versorgen! Yvette Schwarzer danken wir für die spannenden Gespräche über Raue Grasnattern. Weiterhin möchten wir Steffi und Patrick Schönecker danken – von ihnen haben wir vor Jahren unsere erste Zuchtgruppe von *O. aestivus* erhalten. Dank gilt auch Kathy und Bill Love, die sich bei unserem nächtlichen „Snake-Cruise"

Körperbau sind ein Indikator für erfolgreiches Fressen. Wenn wir sehr junge Grasnattern erstmals direkt beim Fressen beobachten wollen, bieten wir einmalig Wachsmottenraupen an. Die Tiere sind meist wild auf solche Leckerbissen und überwinden oft ihre Scheu.

Abgabebereit sind junge Grasnattern, wenn sie futterfest und stabil für begrenzten Transportstress und eine fremde Haltungsumgebung sind. Das ist frühestens ab dem vierten Lebensmonat der Fall. Wir überwintern Jungtiere erst nach dem zweiten Winter.

Eine regelmäßige Vermehrung gibt dem Züchter die Bestätigung, dass die Haltungsbedingungen artgerecht sind. Die Aufzucht Rauer Grasnattern bereitet viel Freude und bringt neue Erkenntnisse und Einblicke in die Lebensweise dieser hübschen, kleinen Natternart, die auch zu ihrem Schutz in der Natur grundlegend sein können. Hoffen wir, dass sich *O. aestivus* weiterhin in der Natur und auch in Terrarien vermehren und etablieren kann!

WUSSTEN SIE SCHON?

Weibchen wachsen schneller und werden größer als Männchen. In der Natur wachsen die Nattern vom Schlupf bis zur Winterpause maximal 2,6 cm, im Folgejahr höchstens rund 14 cm und im Folgejahr nur noch ca. 7 cm pro Jahr (Plummer 1997b). Aussagen in der Literatur, denen zufolge sich verstorbene Grasnattern blau bzw. lila färben, können wir nicht bestätigen. Verletzte Körperstellen, z. B. Narben, sind manchmal bläulich. Eventuell verschwindet dort traumabedingt der gelbe Farbstoff.

um Alva, Florida, im Sommer 2005 bemühten, *O. aestivus* zu finden. Außerdem danke ich all unseren Terrarianerfreunden und „unserer“ DGHT-Regionalgruppe Kurpfalz.

Gesundes Jungtier. Der Bauchnabel schließt sich innerhalb weniger Tage oder Wochen.

Weitere Informationen

ZUR Vertiefung der in diesem Buch gegebenen Informationen und zum weiteren Einblick in terraristische und herpetologische Themenbereiche empfehlen sich die Mitgliedschaft in einem Verein gleich gesinnter Terrarianer sowie ein intensives Literaturstudium. Die folgenden Auflistungen sollen dabei behilflich sein, einen Einstieg in die Thematik zu finden, können aber natürlich nur einen kleinen Ausschnitt aufzeigen.

Untersuchungsstellen

Kotproben, Sektionen und andere Untersuchungen können von spezialisierten Tierärzten oder von veterinärmedizinischen Untersuchungsstellen, die es in vielen Städten gibt, vorgenommen werden. Eine Liste mit Tierärzten, die sich mit Reptilien und Amphibien beschäftigen, kann über die DGHT bezogen oder auf www.dght.de eingesehen werden. Überregional bekannt sind z. B. folgende Einrichtungen:

- Vet Med Labor GmbH;
Mörikestraße 28/3
71636 Ludwigsburg
Tel.: 01802-838633
E-Mail: info@vetmedlabor.de
www.vetmedlabor.de
(für privat nur über Ihren Tierarzt)

- Exomed;
Erich-Kurz-Str. 7
10319 Berlin
Tel.: 030-5112008
E-Mail: labor@exomed.de
www.exomed.de

- Universität München; Institut für Zoologie, Fischereibiologie und Fischkrankheiten der tierärztlichen Fakultät;
Kaulbachstr. 37
80539 München
Tel.: 089-2180-2687
E-Mail: office@zoofisch.vetmed.uni-muenchen.de
www.vetmed.lmu.de/zoofisch/

- Chemisches und Veterinäruntersuchungsamt Ostwestfalen-Lippe
Westerfeldstr. 1
32758 Detmold
Tel.: 05231-9119
E-Mail: poststelle@cvua-detmold.nrw.de
www.cvua-owl.nrw.de

Vereine und Interessengruppen

Die Deutsche Gesellschaft für Herpetologie und Terrarienkunde (DGHT; www.dght.de; DGHT e.V., Postfach 1421, 53351 Rheinbach, Tel.: 02225-703333, E-Mail: gs@dght.de) ist mit über 8.000 Mitgliedern die weltweit größte Gesellschaft ihrer Art und bringt Wissenschaftler und Hobbyherpetologen zusammen. Mitglieder erhalten verschiedene herpetologisch/terraristische DGHT-Zeitschriften. Innerhalb der DGHT existiert die AG Schlangen, die jährliche Fachtagungen veranstaltet. Kontakt über die DGHT-Geschäftstelle.

Zeitschriften

- REPTILIA, TERRARIA
Terraristik-Fachmagazine
erscheinen je sechs Mal jährlich, mit Internetportal für Kleinanzeigen
Natur und Tier - Verlag GmbH
An der Kleimannbrücke 39/41
48157 Münster
Tel.: 0251-133390
E-Mail: verlag@ms-verlag.de
www.reptilia.de

- DRACO
Terraristik-Themenheft erscheint vier Mal jährlich
Natur und Tier - Verlag, s. o.
www.reptilia.de

- Sauria
Terraristik und Herpetologie
erscheint vier Mal jährlich
Terrariengemeinschaft Berlin e.V.
Bruno Treu, Christstr. 10
14059 Berlin
E-Mail: abo@sauria.de
www.sauria.de

- DATZ
Die Aquarien- und Terrarien-Zeitschrift
erscheint monatlich
Verlag Eugen Ulmer
Wollgrasweg 41
70599 Stuttgart
www.datz.de

Homepages mit Haltungsberichten zur Rauen Grasnatter:
www.schlangenland.de
www.styves-jungle.de

Weiterführende und verwendete Literatur

ALDRIDGE, R.D., J.J. GREENHAW & M.V. PLUMMER (1990): The male reproductive cycle of the rough green snake (*Opheodrys aestivus*). – Amphibia-Reptilia 11: 165–172.

BARTLETT, R.D. & P. BARTLETT (2003): Florida's Snakes, A guide to their Identification and Habits. – University Press of Florida, Gainesville.

BUNDESMINISTERIUM FÜR ERNÄHRUNG, LANDWIRTSCHAFT UND FORSTEN, REFERAT TIERSCHUTZ (Hrsg.) (1997): Mindestanforderungen an die Haltung von Reptilien.

CONANT, R. (1951): The reptiles of Ohio. – Notre-Dame Press, Indiana.

ERNST, C. & E. ERNST (2003): Snakes of the United States and Canada. – Smithsonian, Washington.

FITCH, H.S. (1985): Variation in clutch and litter size in New World reptiles. – Univ. Kansas Mus. Nat. Hist. Misc. Publ. 76: 1–76.

GOLDSMITH, S.K. (1986): Feeding behaviour of an arboreal, insectivorous snake (*Opheodrys aestivus*) (Colubridae). – Southwest Nat. 31: 246–249.

GROBMAN, A.B. (1984): Scutellation cariation in *Opheodrys aestivus*.– Bull. Florida St. Mus. Biol. Sci. 29: 153–170.

HOLFERT, T. (1996): Zur Fortpflanzung der Rauhen Grasnatter *Opheodrys aestivus*. – Sauria 18 (4): 19–22.

KÖHLER, G. (2003): Inkubation von Reptilieneiern. – herpeton, Offenbach.

MARA, W.P. (1996): Green Snakes. – TFH, Neptune.

MCCOMB, W.C. & R.E. NOBLE (1981): Herpetofaunal use of natural tree cavities and nest boxes. – Wildl. Soc. Bull 9: 262–267.

MITCHELL, J.C. (1994): The reptiles of Virginia. – Smithsonian, Washington D.C.

MORRIS, M.A. & K. VAIL (1991): Courtship and mating of captive rough green snakes, *Opheodrys aestivus* from Illinois. – Bull. Chicago Herpetol. Soc. 26: 34.

PALMER, W.M. & A.L. BRASWELL (1995): Reptiles of North Carolina, Univ. of North Carolina Press, Chapel Hill.

PAULDURO, E. (1980): Die Rauhe Grasnatter *Opheodrys aestivus*. – herpetofauna, Weinstadt, 8: 30–33.

– (1981): Erfolgreiche Nachzucht der Rauhen Grasnatter *Opheodrys aestivus*. – herpetofauna, Weinstadt 15: 23–25.

– & U. KRABBE- PAULDURO (1992): *Opheodrys aestivus* (LINNAEUS, 1766). – Sauria, Suppl. 14 (1–4): 233–240.

PLUMMER, M.V. (1981a): Communal nesting of *Opheodrys aestivus* in laboratory. – Copeia 243–246.

– (1981b): Habitat utilization, diet and movements of a temporate arboreal snake (*Opheodrys aestivus*). – J. Herpetol. 15: 425–432.

– (1984): Female reproduction in an Arcansas population of rough green snakes (*Opheodrys aestivus*). – Univ. Kansas Mus. Nat. Hist. Spec. Publ. 10: 105–113.

– (1989): Observation on the nesting ecology of green snakes (*Opheodrys aestivus*). – Herpetol. Rev. 20: 87–89.

– (1990a): Nesting movements, nesting behaviour and nest sites of green snakes (*Opheodrys aestivus*) revealed by radiotelemetry. – Herpetologica 46: 190–195.

– (1990b): High predation on green snakes, *Opheodrys aestivus*. – J. Herpetol. 24: 327– 328.

– (1991): Patterns of feces production in free-living green snakes, *Opheodrys aestivus*. – J. Herpetol. 25: 222–226.

– (1993): Thermal ecology of arboreal green snakes (*Opheodrys aestivus*). – J. Herpetol. 27: 254–260.

– (1997a): Speed and endurance of gravid and non-gravid green snakes, *Opheodrys aestivus*. – Copeia: 191–194.

– (1997b): Population ecology of green snakes (*Opheodrys aestivus*) revisited. – Herpetol. Monogr. 11: 102–123.

Richmond, N.D. (1952): *Opheodrys aestivus* in aquatic habitats in Virginia. – Herpetologica 8: 38.

– (1956): Autumn mating of the rough green snake. – Herpetologica 12: 235.

Schmidt, T. (2002): Grasnattern. – Natur und Tier - Verlag, Münster.

Tennant, A. (2004): Snakes of Florida. – Taylor Trade Publishing, Lanham.

Tinkle, D.W. (1960): A population of *Opheodrys aestivus*. – Copeia: 29–34.

Trutnau, L. (2002): Ungiftige Schlangen, Schlangen im Terrarium, Teil 2. – Ulmer, Stuttgart: 525–527.

Vosjoli, P. de (1995): Basic Care of Rough Green Snakes. – Advanced Vivarium Systems, Santee.

Walley, H.D. & M.V. Plummer (2000): *Opheodrys aestivus*. – Cat. Am. Amphib. Rept. 718: 1–14.

Wilms, T. (2006): Terrarieneinrichtung. Grundlagen, Materialien, Methoden. – Natur und Tier - Verlag, Münster.